美食创意设计系列

江南创意菜点设计与制作

许万里　吴　晶／主编

中国轻工业出版社

图书在版编目（CIP）数据

江南创意菜点设计与制作 / 许万里，吴晶主编.
—北京：中国轻工业出版社，2015.2
（美食创意设计系列）
ISBN 978-7-5184-0175-8

Ⅰ.①江… Ⅱ.①许… ②吴… Ⅲ.①烹饪－技术
培训－教材 Ⅳ.①TS972.1

中国版本图书馆CIP数据核字（2015）第004313号

责任编辑：史祖福　　责任终审：劳国强　　封面设计：锋尚设计
版式设计：锋尚设计　　责任校对：晋　洁　　责任监印：张　可

出版发行：中国轻工业出版社（北京东长安街6号，邮编：100740）
印　　刷：北京顺诚彩色印刷有限公司
经　　销：各地新华书店
版　　次：2015年2月第1版第1次印刷
开　　本：889×1194　1/16　　印张：7.25
字　　数：150千字
书　　号：ISBN 978-7-5184-0175-8　定价：39.00元
邮购电话：010-65241695　传真：65128352
发行电话：010-85119835　85119793　传真：85113293
网　　址：http：//www.chlip.com.cn
Email：club@chlip.com.cn
如发现图书残缺请直接与我社邮购联系调换
140546J4X101ZBW

作者介绍

吴　晶

江苏无锡人。现任职于无锡旅游商贸高等职业技术学校。中国烹饪大师、江苏省烹饪大师、淮扬菜烹饪大师，国家中式烹调高级技师、餐饮业国家一级评委，江苏省青年岗位能手、江苏省五一创新能手、无锡市技术能手，曾获得过省市、全国、世界烹饪大赛金奖、江苏省技能大赛优秀教练奖。曾参与多部相关专业著作和教材的编写工作。

许万里

江苏宿迁人。现任职于上海市城市科技学校。中式面点高级技师、西式面点技师、中式高级烹调师、西式高级烹调师、国家高级公共营养师。曾参与多部相关专业著作和教材的编写工作。

唐晓春

江苏无锡人。现任职于索迪斯服务有限公司。中国烹饪大师、国家中式烹调技师、全国最佳厨师，曾获得过省级大赛金奖，国家级大赛银奖。

沈良良

江苏常州人。现就职于上海半岛酒店。中式中级烹调师、西餐高级烹调师。获得过全国创业大赛第一名，2010年为上海世界博览会提供餐饮服务。

徐天一

江苏无锡人。现就职于无锡公共交通股份有限公司，从事后勤餐饮研发与管理，曾多次获得行业内职工技能大赛金奖，曾参与制定无锡教育局中小学学生营养配餐的研发及营养套餐的标准。

黄　勇

江苏溧阳人。现就职于溧阳天目湖中等专业学校。国家中式烹调高级技师、国家餐饮业高级职业经理人、国家中式高级面点师、国家营养配餐师，溧阳市美食文化研究会会员。曾多次获得省级大赛金奖。曾参与多部相关专业著作和教材的编写工作。

桑宇平

江苏江阴人。现就职于苏州市太湖旅游中等专业学校，从事烹饪教育、药膳研究工作。国家中式烹调高级技师、江苏省高级公共营养师。曾参与多部相关专业著作和教材的编写工作。

王明明

江苏盐城人。现就职于苏州大学后勤管理处，从事食堂监督管理和研究。国家中式高级烹调师，中级中式面点师，中级调酒师，高级营养配餐师。有20余篇专业文章发表于国家级和省级刊物。

董曦檩

江苏无锡人。现任职于无锡旅游商贸高等职业技术学校。曾在北京、西安、无锡的美术培训机构担任色彩主教。曾获陕西省大学生美展铜奖，“陕西省纪念毛泽东在延安文艺座谈会讲话70周年书画作品展”获优秀奖，无锡市“明日之星”书画大赛获金奖。

蒋　力

江苏溧阳人。现就职于江苏天目湖宾馆有限公司。中国烹饪名师、江苏省烹饪名师，国家中式烹调高级技师，曾获得全国烹饪大赛特金奖、江苏省烹饪大赛金奖。

前言

江南，顾名思义“江之南面”。

在狭义人文地理概念中特指长江中下游以南的地区。其中，包括江苏省的苏州、无锡、常州、南京、镇江等，浙江省的杭州、嘉兴、湖州、绍兴、宁波等和上海，安徽省和湖北省南部的池州、宣城、芜湖、铜陵、黄山、荆州、鄂州、武汉，湖南省和江西省的南昌、长沙、岳阳、常德、九江、上饶、景德镇、益阳等，大致以环太湖、环洞庭湖、环鄱阳湖区域为中心。广义的江南则包括了上海、江西、湖南、浙江全境，以及江苏、安徽和湖北三省长江以南地区。

在人们的印象中，江南水乡，小桥流水、粉墙黛瓦、吴侬软语是人们心目中的世外桃源。江南自古就有“天下粮仓”之说，特别是明清年间，天下粮赋有一半出自江南，足可见江南的富庶。有了丰富的物质条件，江南人对饮食之道的追求也日益求精，对食物的考究程度也越来越高。

江南美食文化内涵丰富，其文化源远流长。本书主要是以江苏、浙江和上海为江南的代表，以这里的地域特色、风土人情、美食文化和饮食风味作为展现江南菜点的标志。

江苏菜，简称苏菜，起始于南北朝、唐宋时，随着经济的发展，推动了饮食业的繁荣，苏菜成为“南食”两大台柱之一。明清时期，苏菜南北沿运河、东西沿长江的发展更为迅速。沿海的地理优势扩大了苏菜在海内外的影响。苏菜主要是由金陵菜、淮扬菜、苏锡菜、徐海菜等地方菜组成。

浙江菜起源于新石器时代的河姆渡文化，经越国先民的开拓积累，汉唐时期的成熟定形，宋元时期的繁荣和明清时期的发展，形成了浙江菜的基本风格。

上海菜即沪菜，主要是以上海地区传统菜肴为主，吸纳各地方菜肴风味，将苏、杭、浙的风味融为一体，同时还融汇西菜风味而成为当今上海菜的主体风味。

本书组织了一批来自江苏、浙江和上海地区的年轻餐饮从业者，分别来自行业的一线厨师、餐饮企业的管理人员以及相关餐饮类院校的专业教师。他们通过对江南菜点的创新设计，制作了一系列的凉菜、热菜和点心。有的在菜点的造型上进行了创作，引入时尚造型设计；有的在菜点的食材上下工夫，选用比较新颖健康的食材；有的在菜点的制法上融合中西制法的优点，让人耳目一新。同时，还邀请了专门的美学研究人员——董曦檩对书中所有的菜点进行美术指导。

在本书编写过程中，由苏和文化统筹组织人员进行创意设计和菜品制作，并在后期对所有菜点进行甄选和优化。本书的编写得到了众多同行和相关院校、餐饮企业的支持，在此表示诚挚的感谢。

由于编者的水平有限，难免会有疏漏和不足之处，恳请广大读者不吝赐教。

编者

目录

第一部分

第二部分

第三部分

江南

第一部分

江南菜点特色

江南地域特色美食文化

江南自古就有“天下粮仓”之说，明清年间，天下粮赋一半出自江南。富足的江南人有了物质条件，自然要讲究吃喝，因此对于食物的考究程度也就越高。

下面介绍一些江苏、浙江和上海地区具有代表性的特色江南美食。

金陵盐水鸭

金陵盐水鸭是南京名菜，当地盛行以鸭制肴，曾有“金陵鸭馔甲天下”之说。此菜用当年八月中秋时的“桂花鸭”为原料，用热盐、清卤水复腌后，取出挂阴凉处晾干，食用时在水中煮熟，皮白肉红，香味足，鲜嫩味美，风味独特，畅销大江南北。

松鼠鳜鱼

松鼠鳜鱼是苏州地区的传统名菜。用鳜鱼做菜各地早有，一般以清蒸或红烧为主，而制作形似松鼠的鳜鱼菜肴首先起源于苏州地区。清代乾隆皇帝下江南时，曾微服至苏州松鹤楼菜馆用膳，厨师将鱼出骨，在鱼肉上剞花纹，加调味稍腌后，拖上蛋黄糊，入热油锅炸制成熟后，浇上熬热的糖醋卤汁，形状似松鼠，外脆里嫩，酸甜可口。

梁溪脆鳝

梁溪脆鳝是无锡名肴。梁溪是无锡境内的一条河流，因南朝萧梁曾加以修复而得名，梁溪也是无锡的别名。明末清初，无锡名厨将活鳝划丝后，入油锅炸脆，再用酒、酱油、糖、五香粉制成的浓卤烩制，使鳝丝紧包卤汁，吃时甜而松脆，是上等佐酒佳肴。后来驰名江苏，成为无锡的传统风味特色菜。

三套鸭

三套鸭为扬州传统名菜，清代《调鼎集》曾记载套鸭制作方法，为“肥家鸭去骨，板鸭亦去骨，填入家鸭肚内，蒸极烂，整供。”后来扬州的厨师又将湖鸭、野鸭、菜鸽三禽相套，用宜兴产的紫砂烧锅，小火宽汤炖焖而成。

煮干丝

煮干丝与乾隆帝下江南有关。乾隆六下江南，扬州地方官员聘请名厨为皇帝烹制佳肴，其中有一道“九丝汤”，是用豆腐干丝加火腿丝，在鸡汤中烩制，味极鲜美。特别是干丝切得细，吸入各种鲜味，味道甚好，遂名传天下，后更名为“煮干丝”。

霸王别姬

霸王别姬原名龙凤烩。项羽称霸王都彭城（徐州）举行开国大典时，为盛典备有“龙凤宴”。相传是虞姬亲自设计的。“龙凤烩”即“龙凤宴”中的主要大件。其料用“乌龟”（龟属水族，龙系水族之长）与雉（雉属羽族，凤系羽族之长），故引申为龙凤相会而得名。现以鳖、鸡取代龟、雉。这道菜经世代相传至今，为徐州名馔。

西湖醋鱼

西湖醋鱼相传出自“叔嫂传珍”的故事：古时西子湖畔住着宋氏兄弟，以捕鱼为生。当地恶棍赵大官人见宋嫂姿色动人，杀害其兄，又欲加害小叔，宋嫂劝小叔外逃，用糖醋烧鱼为他饯行，要他“苦甜毋忘百姓辛酸之处”。后来小叔得了功名，除暴安良，偶然的一次宴会，又尝到这一酸甜味的鱼菜，终于找到隐姓埋名的嫂嫂，他就辞官重操渔家旧业。后人传其事，仿其法烹制醋鱼，“西湖醋鱼”就成为杭州的传统名菜。

东坡肉

东坡肉相传出自宋代大文学家苏东坡的故事。宋元祐年间（约公元1090年），苏东坡出任杭州刺史，发动民众疏浚西湖，大功告成，为犒劳民工，吩咐家人将百姓馈赠的猪肉，按照他总结的经验：慢著火少著水，火候足时它自美，烹制成佳肴。与酒一起分送给民工，家人误将酒肉一起烧，结果肉味特别香醇可口，人们传颂东坡的为人，又将此独特风味的块肉命以“东坡肉”。

嘉兴粽子

粽子是嘉兴的主要物产。它始于1921年，至今已有90余年的历史。嘉兴粽子由于用料考究，制作精细，口味纯正，四季供应，故久享盛誉，有“粽子大王”之称，驰名于江、浙、粤、沪。

小笼馒头

小笼馒头是具有江南特色的美味小吃。近代江南小笼包真正成形的历史已很难考证，但普遍认为它与北宋时期的“山洞梅花包子”和“灌浆馒头”有着传承上的渊源关系，在靖康之变后由北宋皇室南迁时带入江南后演变而来。现在上海最有名的“南翔小笼馒头”，是1871年南翔镇的黄明贤创制的。

腌笃鲜

腌笃鲜是上海本帮菜、苏帮菜、杭帮菜中具有代表性的彩色之一。此菜口味咸鲜，汤白汁浓，肉质酥肥，笋清香脆嫩，鲜味浓厚。主要是春笋和鲜、咸五花肉片一起煮的汤。“腌”，是咸的意思；“鲜”，是新鲜的意思；“笃”，是用小火焖的意思。

桂花藕

江南人喜好以桂花来作为食物的调和料之一，桂花藕是以香甜、清脆以及桂花的香气浓郁而享有口碑。将糯米浸泡后灌在莲藕中，配以桂花酱、大红枣一起精心制作而成，这是江南传统菜式中一道独具特色的中式甜品。南京桂花糯米藕和桂花糖芋苗、梅花糕、赤豆酒酿小圆子一同被誉为金陵最具人情味的街头小食。

梅干菜

梅干菜，这种乌黑而诱人的干菜，产自浙江绍兴一带，因为梅干菜颜色黑，也称乌干菜，是当地有名的“三乌”（乌篷船、乌毡帽和乌干菜）之一，活脱是一幅旧时江南水乡的写照。

大闸蟹

江南多蟹，尤以阳澄湖出产的大闸蟹最出名。近代国学大师章太炎夫人汤国梨曾经说过“不是阳澄湖蟹好，人生何必住苏州。”足以说明大闸蟹之妙。

当你品味过江南美食，酒足饭饱之后，坐在某处水乡院落，沐浴天井中洒下来的阳光，呷一口用宜兴紫砂壶沏泡的苏州碧螺春或者西湖龙井，享受江南生活的乐趣。

江南特色菜点风格解析

江南美食以清爽、秀美著称，其风味流派较多，以淮扬风味最著名。

江苏菜点风格

江苏菜是由淮扬、金陵、苏锡、徐海地方风味菜肴组成，以淮扬菜为主体。淮扬地处苏中，东至海安、启东、南通、泰州、盐城、阜宁，西至金陵六合，南及镇江、金坛，北达两淮。江苏菜以重视火候、讲究刀工而著称，尤其擅长炖、焖、煨、焐，著名的“镇扬三头”(扒烧整猪头、清炖蟹粉狮子头、拆烩鲢鱼头)、“苏州三鸡”(叫花鸡、西瓜童鸡、早红橘酪鸡) 以及“金陵三叉”(叉烤鸭、叉烤鳜鱼、叉烤乳猪) 都是其特色菜点。江苏菜式的组合也颇有特色。除日常饮食和各类筵席讲究菜式搭配外，还有独具特色的“三筵”。其一为船宴，见于太湖、瘦西湖、秦淮河；其二为斋席，见于镇江金山、焦山斋堂、苏州灵岩斋堂、扬州大明寺斋堂等；其三为全席，如全鱼席、全鸭席、鳝鱼席、全蟹席等。

淮扬风味：以扬州、淮安为代表，主要以大运河为主，南至镇江，北至洪泽湖、淮河一带，东至沿海地区。淮扬菜选料严谨、讲究鲜活、主料突出、刀工精细，擅长炖、焖、烧、烤等，重视调汤，讲究原汁原味，并精于造型，瓜果雕刻栩栩如生。口味咸淡适中，南北皆宜，并可烹制“全鳝席”。淮扬细点，造型美观、口味繁多、制作精巧、清新味美、四季有别。

金陵风味：以南京菜为代表，以南京为中心，一直延伸到江西九江等地。金陵菜烹调擅长炖、焖、叉、烤，讲究七滋七味，即酸、甜、苦、辣、咸、香、臭；鲜、烂、酥、嫩、脆、浓、肥。南京菜以善制鸭馔而出名，素有“金陵鸭馔甲天下”的美誉。其中，南京小吃为中国四大小吃之一，位列首位。其历史悠久、风味独特、品种繁多，自六朝时期流传至今已有千年历史，小吃品种多达百十多个。著名小吃有小笼包子、拉面、薄饼、葱油饼、豆腐涝、汤面饺、菜包、酥油烧饼、甜豆沙包、鸡面干丝、春卷、烧饼、牛肉汤、小笼包饺、压面、长鱼面、牛肉锅贴、卤茶鸡蛋等。

苏南风味：以苏锡菜为代表，主要流行于苏锡常和上海地区。苏南风味擅长炖、焖、煨、焐，注重保持原汁原味，花色精细，时令时鲜，甜咸适中，酥烂可口，清新腴美。苏州在民间拥有“天下第一食府”的美誉。苏州小吃是中国四大小吃之一，是品种最多的小吃，主要有卤汁豆腐干、松子糖、玫瑰瓜子、虾子酱油、枣泥麻饼、猪油年糕、小笼馒头、苏州汤包、藏书羊肉、奥灶面等。

徐海风味：以徐州菜为代表。流行于徐海和河南地区，和山东菜系的孔府风味较近，曾属于鲁菜口味。徐海菜鲜咸适度，习尚五辛、五味兼崇，清而不淡、浓而不浊。其菜无论取料于何物，均注意“食疗、食补”的作用。徐海风味菜代表菜点有：霸王别姬、沛公狗肉、彭城鱼丸等。

浙江菜点风格

浙江菜品种丰富，菜式小巧玲珑，菜品鲜美滑嫩、脆软清爽，其特点是清、香、脆、嫩、爽、鲜。浙江菜主要由杭州、宁波、绍兴、温州四个流派组成，各自带有浓厚的地方特色。杭州是全国著名风景区，宋室南渡后，帝王将相、才子佳人游览杭州风景者日益增多，饮食业应运而生。其制作精细，变化多样，并喜欢以风景名胜来命名菜肴，烹调方法以爆、炒、烩、炸为主，清鲜爽脆。宁波地处沿海，特点是“咸鲜合一”，口味“咸、鲜、臭”，以蒸、红烧、炖制海鲜见长，讲求鲜嫩软滑，注重大汤大水，保持原汁原味。绍兴菜擅长烹饪河鲜、家禽，入口香酥绵糯，富有乡村风味。主要名菜有“西湖醋鱼”“东坡肉”“赛蟹羹”“家乡南肉”“干炸响铃”“荷叶粉蒸肉”“西湖莼

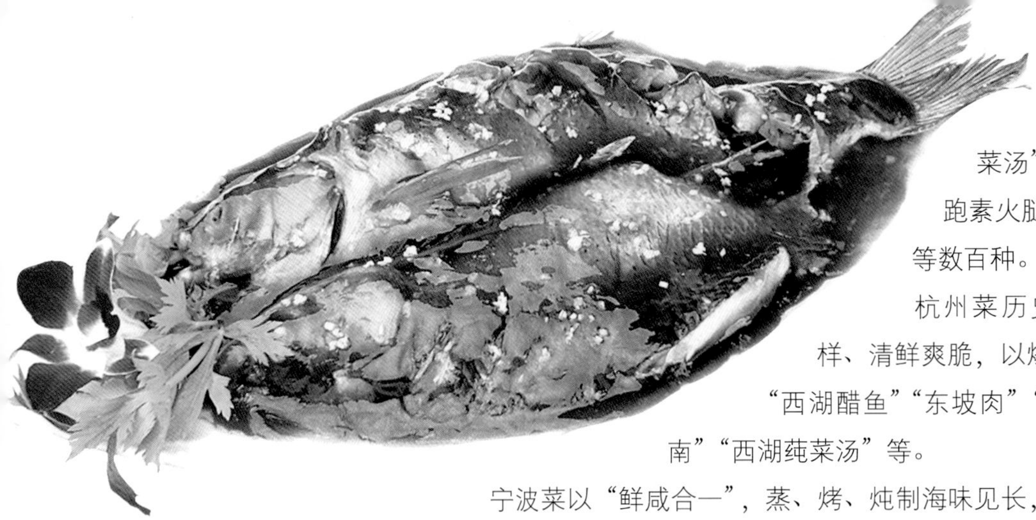

菜汤”“龙井虾仁”“杭州煨鸡”“虎跑素火腿”“干菜焖肉”“蛤蜊黄鱼羹”等数百种。

杭州菜历史悠久、制作精细、品种多样、清鲜爽脆，以爆、炒、烩、炸为主。名菜如“西湖醋鱼”“东坡肉”“龙井虾仁”“油焖春笋”“排南”“西湖莼菜汤”等。

宁波菜以“鲜咸合一”，蒸、烤、炖制海味见长，讲究嫩、软、滑。注重保持原汁原味，色泽较浓。著名菜肴有雪菜大汤黄鱼、苔菜拖黄鱼、木鱼大烤、冰糖甲鱼、锅烧鳗、熘黄青蟹、宁波烧鹅等。

绍兴菜富有江南水乡风味，作料以鱼虾河鲜和鸡鸭家禽、豆类、笋类为主，讲究香酥绵糯、原汤原汁，轻油忌辣，汁浓味重。其烹调常用鲜料配腌腊食品同蒸或炖，且多用绍酒烹制，故香味浓烈。著名菜肴有糟熘虾仁、干菜焖肉、绍虾球、头肚须鱼、鉴湖鱼味、清蒸鳜鱼等。

温州古称“瓯”，地处浙南沿海，当地的语言、风俗和饮食方面，都自成一体，别具一格，素以“东瓯名镇”著称。温州菜也称“瓯菜”，匝菜则以海鲜入馔为主，口味清鲜，淡而不薄，烹调讲究“二轻一重”，即轻油、轻芡、重刀工。代表名菜有“三丝敲鱼”“双味蝤蛑”“橘络鱼脑”“蒜子鱼皮”“爆墨鱼花”等。

上海菜点风格

上海菜，狭义的上海菜称为“本帮菜”，广义的上海菜是以本帮菜为主吸收各派之长形成的综合性、广泛性的菜系。本帮菜特指上海本地风味的菜肴，特色是浓油赤酱(油多味浓、糖重、色艳)。常用的烹调方法以红烧、生煸为主，品味咸中带甜，油而不腻。选料注重活、生、寸、鲜；调味擅长咸、甜、糟、酸。其主要名菜有“青鱼下巴甩水”“青鱼秃肺”“腌川红烧圈子”“生煸草头”“白斩鸡”“鸡骨酱”“糟钵头”“虾子大乌参”“松江鲈鱼”“枫泾丁蹄”等菜肴。上海城隍庙小吃也是中国四大小吃之一，是上海小吃的重要组成部分。它形成于清末民初，地处上海旧城商业中心。其著名小吃有南翔馒头店的南翔小笼，满园春的百果酒酿圆子、八宝饭、甜酒酿，湖滨点心店的重油酥饼，绿波廊餐厅的枣泥酥饼、三丝眉毛酥。此外还有许多小吃如：“生煎馒头”“南翔小笼包”“上海香嫩咖喱肉串”“三鲜小馄饨”“蟹壳黄”“面筋百叶”“汤包”“油面精”“白斩三黄鸡”等。

江南特色食材介绍

古谚有云："上有天堂，下有苏杭"。江南水乡，山清水秀，物产丰富，佳肴美，素有"鱼米之乡"之称。食材资源十分丰富。属地有鲜美的水产品，如长江三鲜（河豚、鲥鱼和刀鱼）、太湖三白（白鱼、银鱼和白虾）、阳澄湖大闸蟹、富春江鲥鱼、鳝鱼、鲈鱼、青虾、鳜鱼、鲫鱼、河蚌以及众多的海鲜品，如舟山黄鱼、舟山的梭子蟹、带鱼、石斑鱼、锦绣龙虾等。美味佳蔬有太湖莼菜、西湖莼菜、淮安蒲菜、宝应藕、鸡头米、草头、茭白、贡菜、冬笋、荸荠等。上乘的山珍野味有庆元的香菇、景宁的黑木耳等。著名的畜禽产品，如南京湖熟鸭、南通狼山鸡、扬州鹅、高邮麻鸭、绍兴麻鸭、安吉竹鸡、南京香肚、如皋火腿、靖江肉脯、无锡油面筋、金华火腿等，以及其他著名的食材，如绍兴老酒、龙井茶叶、碧螺春茶叶、黄岩蜜橘、镇江香醋、浙江玫瑰米醋、扬州豆腐干、宝应皮蛋。下面，重点介绍以下几种食材。

鲥鱼

鲥鱼产于中国长江下游，素誉为江南水中珍品，古为纳贡之物，为中国珍稀名贵经济鱼类，鲥鱼与河豚、刀鱼齐名，素称"长江三鲜"。鲥鱼肉嫩味鲜美，鳞下多脂，脂肪含量很高，富含不饱和脂肪酸，具有降低胆固醇的作用。由于鲥鱼的鱼鳞富含脂肪，所以在加工时一般不去鱼鳞，以清蒸、清炖为佳。

银鱼

银鱼古称脍残鱼，号称亚洲第一帅鱼，是世界上长得最水灵的鱼。银鱼因体长略圆，细嫩透明，色泽如银而得名。银鱼产于长江口，俗称面丈鱼、炮仗鱼、帅鱼、面条鱼、冰鱼、玻璃鱼等。以太湖银鱼为代表。银鱼适宜体质虚弱、营养不足、消化不良者、高脂血症患者、脾胃虚弱者、有肺虚咳嗽、虚劳等症者食用。银鱼可供鲜食用或晒鱼干食用。

大闸蟹

大闸蟹味道鲜美，营养丰富，是中国传统的名贵水产品之一。其中以长江水系产量最大，口感最鲜美，以苏州阳澄湖大闸蟹最为有名。据《本草纲目》记载，螃蟹具有舒筋益气、理胃消食、通经络、散诸热、散瘀血的功效。蟹肉味咸性寒，有清热、化瘀、滋阴的功效。食用时一般以煮、蒸为佳。

黄鱼

黄鱼，有大小黄鱼之分，又名黄花鱼。大黄鱼又称大鲜、大黄花、桂花黄鱼，以我国舟山渔场产大黄鱼最出名。小黄鱼又称小鲜、小黄花、小黄瓜鱼。大黄鱼分布于黄海南部、东海和南海，小黄鱼分布于我国黄海、渤海、东海及朝鲜西海岸。中医认为，黄鱼有健脾升胃、安神止痢、益气填精的功效。食用时以蒸、烧、熘、炸为主。

莼菜

莼菜又名蓴菜、马蹄菜、湖菜等，是多年生水生宿根草本。嫩叶可供食用，莼菜本身没有味道，胜在口感的圆融、鲜美滑嫩，为珍贵蔬菜之一。莼菜含有丰富的胶质蛋白、碳水化合物、脂肪、多种维生素和矿物质，常食莼菜具有药食两用的保健作用。莼菜主要产于中国浙江、江苏两省太湖流域和湖北省。莼菜最适合做汤、羹，还可炒、氽。相传清乾隆皇帝巡视江南，每到杭州都必须以马蹄菜进餐。

草头

草头是苜蓿的俗称，以嫩叶供食。长江中下游一带栽培较多，江南人喜食此菜。草头可碱化体质并为身体解毒，含有多种维生素、矿物质和膳食纤维，可食药两用。食用时以炒、烧为佳。

庆元香菇

庆元是世界人工栽培香菇的发祥地，南宋建炎四年（1131年）出生于庆元县龙岩村的吴三公发明了“原木砍花法”栽培香菇技术，800多年来在庆元菇农中秘传不息。20世纪70年代以来，历经了“段木纯菌丝接种法”“代料栽培法”和“高棚层架栽培花菇法”三次重大技术变革。如今庆元已成为饮誉全球的“中国香菇城”，香菇业成了庆元人脱贫致富的支柱产业。联合国国际热带菇类学会主席张树庭教授经多次实地考证，于1989年亲笔题写庆元是世界“香菇之源”。常食香菇可预防佝偻病、感冒，提高人体免疫力，是延年益寿的天然保健食品。

高邮麻鸭

高邮麻鸭原产江苏省高邮，是我国有名的大型肉蛋兼用型麻鸭品种。高邮鸭是我国江淮地区良种，系全国三大名鸭之一。该鸭善潜水、耐粗饲、适应性强、蛋头大、蛋质好，且以善产双黄而久负盛名。

南京香肚

南京香肚的生产，相传已有120多年的历史。曾在1910年江苏南京召开的南洋劝业会上，和南京板鸭同时获得优质奖状，从此闻名全国，并远销我国香港地区及东南亚一带。南京香肚形似苹果，皮薄有弹力，不易破裂，红白分明，香嫩爽口，略带甜味，与火腿相比，具有独特风味。

南京板鸭

南京板鸭驰名中外，素有北烤鸭南板鸭之美名。明清时南京就流传“古书院，琉璃塔，玄色缎子，咸板鸭。”的民谣，可见南京板鸭早就声誉斐然了。板鸭是用盐卤腌制风干而成，分腊板鸭和春板鸭两种。因其肉质细嫩紧密，像一块板似的，故名板鸭。南京板鸭的制作技术已有600多年的历史，但是若追溯源头，怕已有一千多年了。到了清代时，地方官员总要挑选质量较好的新板鸭进贡皇室，所以又称“贡鸭”；朝廷官员在互访时以板鸭为礼品互赠，故又有“官礼板鸭”之称。现在的南京板鸭，由于食用不太方便，已经衍生出了一些其他品种。如桂花盐水鸭则是其中之一。南京板鸭外形较干，状如平板，肉质酥烂细腻，香味浓郁，故有“干、板、酥、烂、香”之美誉。

靖江肉脯

靖江素有肉脯之乡的美称，肉脯历史最为悠久，品质最为上乘，猪肉脯源于新加坡，1928年传入我国广东，1936年传到靖江。靖江肉脯选料精细，采用传统工艺，配以多种天然香料，经过十多道工序精心加工而成。产品色泽鲜艳、味道鲜美、食用方便、回味无穷，曾两次荣获国家金质奖。

无锡油面筋

无锡油面筋的生产始于清乾隆时代（18世纪中叶），至今已有230多年历史。清水油面筋的称呼在清代末年（19世纪中期）出现。说起油面筋的来历，最早还是尼姑庵里的一位师太油炸出来的。过去去惠山，得经五里街。五里街梢有座大德桥，桥畔有座尼姑庵。庵里有个烧饭师太，烧出来的素斋有些名气。师太烧素斋，惯常用生麸当主料。经常来庵念佛人不断，闻名来吃顿素斋的居士不少，无怪烧饭师太总是将生麸浸上一小缸。有一回，原先约定来庵堂念佛坐夜的几十个乡下老太太，不知啥事情那天没来。好几桌素斋需用的生麸，烧饭师太早上已准备好了，怎不叫她发愁。生麸是隔夜馊，一过夜就吃不得了。烧饭师太先是放些盐在生麸缸里，还是放心不下，怕缸里出毛病。她左思右想，

试试开个油锅，把生麸煎一煎，免得发馊，明早仍可烧素斋派用场。油锅里油多了些，待油一滚，师太怕生麸煎不透，特地剪成一个个小块，手抓一把扔进油锅，铲子翻了几翻。只见锅里一块块生麸膨胀成一个个金黄锃亮的空心圆球，在滚油里窜上窜下，师太用笊篱捞起，用手指头戳戳松脆、鼻头闻闻喷香、嘴里尝尝蛮鲜。她赶忙找来众师太看看，众口赞好，还给这油炸生麸空心圆子起名“油面筋”。

金华火腿

金华火腿是浙江金华汉族特色风味食品，是金华市最负盛名的汉族传统名产。金华火腿，据考证金华民间腌制火腿，始于唐代。唐开元年间（713－742年）陈藏器撰写的《本草拾遗》载：“火腿，产金华者佳”。距今已有一千二百余年历史。相传，宋代义乌籍抗金名将宗泽，曾把家乡“腌腿”献给朝廷，康王赵构见其肉色鲜红似火，赞不绝口，赐名“火腿”，故又称“贡腿”。因火腿集中产于金华一带，俗称“金华火腿”。后辈为了纪念宗泽，把他奉为火腿业的祖师爷。金华火腿用金华两头乌猪的后腿精制而成，皮色黄亮，形似竹叶，肉色红润，香气浓郁，营养丰富，鲜美可口，是馈赠珍品，佐食佳肴，也是滋补良品。

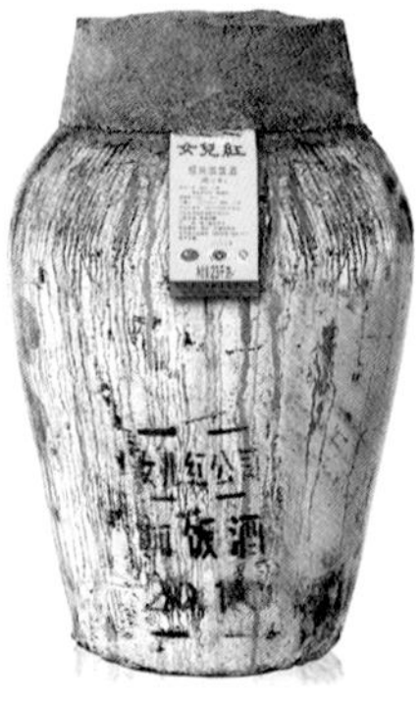

绍兴老酒

绍兴老酒主要是指产自中国浙江省绍兴市的黄酒，属于酿造酒的一种。绍兴老酒以精白糯米加上水酿造，酒精浓度在14度～18度。绍兴酒可分为元红酒、加饭酒、善酿酒及封缸酒（绍兴地区又称为“香雪酒”）。绍兴酒有诱人的馥郁芳香。凡是名酒，都重芳香，绍兴酒所独具的馥香，不是指某一种特别重的香气，而是一种复事香，是由酯类、醇类、醛类、酸类、羰基化合物和酚类等多种成分组成的。而且往往随着时间的久远而更为浓烈。所以绍兴酒称老酒，因为它越陈越香。

镇江香醋

镇江香醋的“香”字说明镇江醋比起其他种类的醋来说，重点在有一种独特的香气。镇江醋属于黑醋（乌醋）。镇江香醋创于1840年，是江苏著名的特产，驰名中外，1909年开始少量出口。镇江香醋，具有“色、香、酸、醇、浓”、“酸而不涩，香而微甜，色浓味鲜”的特点。存放时间越久，口味越香醇。镇江恒顺香醋酿造技艺已被列入首批国家级非物质文化遗产名录。

龙井茶叶

龙井茶叶是中国著名绿茶，产于浙江杭州西湖一带，已有一千二百余年历史，明代列为上品，清顺治列为贡品。清乾隆游览杭州西湖时，盛赞龙井茶，并把狮峰山下胡公庙前的十八棵茶树封为“御茶”。龙井茶色泽翠绿，香气浓郁，甘醇爽口，形如雀舌，即有“色绿、香郁、味甘、形美”四绝的特点。龙井茶得名于龙井。龙井位于西湖之西翁家山的西北麓，也就是现在的龙井村。龙井原名龙泓，是一个圆形的泉池，大旱不涸，古人以为此泉与海相通，其中有龙，因称龙井，传说晋代葛洪曾在此炼丹。离龙井500米左右的落晖坞有龙井寺，俗称老龙井，创建于五代后汉乾祐二年（949年），初名报国看经院。北宋时改名寿圣院。南宋时又改称广福院、延恩衍庆寺。明正统三年（1438年）才迁移至井畔，现寺已废，辟为茶室。

江南

第二部分

菜点创意设计思路与方法

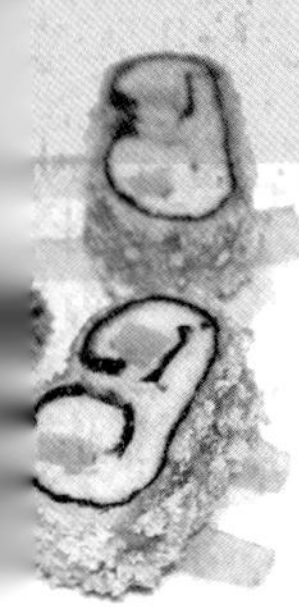

菜点创意设计思路

1. 市场性

创新菜点的酝酿、研制阶段，首先要考虑到当前顾客比较感兴趣的东西，即使研制古代菜、乡士菜，也要符合现代人的饮食需求，传统菜的翻新、民间菜的推出，也要考虑到目标顾客的需要。

我们要准确分析、预测未来饮食潮流，做好相应的菜点开发工作，要求烹调工作人员时刻关注消费者的价值观念和消费观念的变化趋势，去设计、创造菜点，以此来引导消费。

2. 可食性

作为创新菜点，首先应具有食用的特性，只有那些能使消费者感到好吃，而且感到越吃越想吃的菜点，才有生命力。不论什么菜点，从选料、配伍到烹制的整个过程，都要考虑做好后的可食程度。

创新菜点的原料并不一定讲究高档、珍贵，制作工艺也不一定追求复杂、繁琐，只需要在食用性强的前提下做到物美味美即可。

3. 营养性

营养卫生是食品最基本的条件，创新菜点是供广大顾客食用的，它必须是卫生的、有营养的，一道菜点仅是好吃而对健康无益，是不可取的，也是没有生命力的。

如今，营养膳食平衡的观点已经深入人心。菜肴的各种主辅料是否做到同类互换、科学搭配以及是否做到合理烹调和利用，已经体现在烹饪的日常工作中了。由此，饮食

菜点的科学合理性将是菜点创新的最高标准。当我们在设计创新菜点时，应充分利用营养配餐的原则，把设计创新成功的健康菜点作为吸引顾客的手段，同时这一手段也将是菜点创新的趋势。

4. 大众性

创新菜点的推出，要坚持以大众化原料为基础，通过各种技法的加工、切配、调制，做出独特的新品菜点。一道美味佳点，只有为大多数消费者所接受，才会有巨大的生命力。

创新菜点的推广，要立足于一般易取原料，价廉物美，广大老百姓能够接受，其影响力也就十分深远。正如国画大师徐悲鸿所说："一个厨师能把山珍海味做好并不难，要是能把青菜萝卜做得好吃，那才是有真本领的厨师。"

菜点创意设计方法

1. 原材料的开发与利用

近几年来，进入厨房的原材料日渐丰富，如山芋藤、南瓜花、臭豆腐、臭豆腐干以及猪大肠、肚、肺、鳝鱼骨、鱼鳞等也登上了大雅之堂，成了人们的喜爱之物。因此，对于原料的利用，重在发现、认识和开拓。

我国引进外国的食品原料更加丰富。除了天然的食物以外，也出现了许多加工品、合成品，这些为我国烹饪原料增添了新的品种。烹调师利用这些原料，洋为中用、大显

身手，不断开发和创作出许多适合中国人口味的新品菜点。

2. 调味品的组配与出新

菜点风味的形成，调味品的作用至关重要。烹调师就是食物的调味师，所以，烹调师必须掌握各种调味品的有关知识，并善于适度把握，五味调和，才能创作出美味可口的佳肴。

而今，全国各地的调味品风味和味型较多，加之国外引进的一些特色调味品，足以让我们去开拓、创制和运用。如在原菜点中有味型和调味品的变化方面入手，更换个别味料，或者变换一下味型，就会产生另一种风格的菜点。只要我们敢于尝试，大胆设想，就能产生新、奇、特的风味特色菜点。

3. 地方菜点的挖掘与融合

我国各地都有各自的风味特色，在选料、技艺、口味、装盘等方面都形成了各自的个性。菜点的创新，就地设计、继承传统、唯我独优地发挥本地的特长，才可能使菜点特色鲜明、生根开花。

地方菜点的创新，既可独辟蹊径，也可以借鉴嫁接。地方菜点的嫁接，是将某一菜系中的某一菜点或几个菜系中较成功的技法、调味、装盘等转移应用到另一个地方菜点中，以此实现创新的一种思路。

4. 乡土菜点的采集与提炼

乡土菜点是乡村之民所创造的物质财富和精神财富的一种文化表现。乡土菜点朴实无华、清新恬淡，是中国菜的源头，也是中国宫廷菜、官府菜、市肆菜发展的基础。吸取民间乡土风味菜点的精华，充分利用原材料来制作新的菜点，是菜点创新的又一种方法。

乡土菜点虽然也讲究造型、装盘，但并不执着于表面的华丽，而更看重菜点的朴实无华。

从乡土菜点中撷取有营养、有价值的东西为我所用是至关重要的。我国历代厨师就是在乡土饮食的土壤中吸收其精华的，如扬州蛋炒饭、四川回锅肉、福建糟煎笋、山西猫耳朵、河南烙饼、陕西枣肉末糊、湖南蒸蒸钵炉子等都是源自民间、落户酒店，成为人们喜爱的菜点。

5. 菜点结合的制作风格

菜肴和面点的结合，是中国菜肴革新的一种独特思路。它们之间除了相互借鉴、取长补短外，有时面点和菜肴可以通过多种方式结合在一起，创作出新的品种。

菜点组合是在菜肴、点心加工制作过程中，将菜、点有机组合在一起成为一盘合二为一的菜肴。这种菜肴和点心结合的方法，构思独特、制作巧妙，既有菜之味，又有点之香。主要代表菜点有馄饨鸭、酥皮海鲜、鲜虾酥卷、酥盒虾仁等。

6. 中外烹饪技艺的结合

随着中外饮食文化交流的增多，其菜肴制作也呈现多样化发展趋势，如西方的咖喱和黄油、东南亚沙嗲和串烧、日本的刺身和鲜酢等，这些已经进入我们的菜肴制作之中。不可否认，这已成为一种新的菜肴制作方法。

由于国外菜肴风味的进入，国内菜肴制作便不断地更新拓展，无论是原料、器具和设备方面，还是在技艺、调味、装盘方面都引进了新的内容。菜肴的制作一方面发扬了国内传统菜点优势，另一方面借鉴了国外菜点的制作之长。

沙律海鲜卷就是一款中、西结合的菜品，它取西式常用的沙律酱制成“活命沙津”，然后用中餐传统的豆腐皮包裹，挂上蛋糊再拍上面包屑入油锅炸至“外酥香、内鲜嫩”。

7. 烹饪工艺的变化与革新

中国菜点变化万千，吸引着世人的眼球，这正是广大厨师运用不同的烹饪技艺创作的结果。通过烹饪工艺的合理运用、引进、交叉、综合等，可使一些传统菜得到改良，促使新工艺得到运用。

中国菜点的层出不穷，实际上就是历代厨师在继承前辈的基础上进行改良和突破的。如中国面点中“花卷”的制作，原本普通的花卷，在点心师傅的创作下，派生出正卷、反卷和正反卷系列，还形成了友谊卷、蝴蝶卷、菊花卷、枕形卷、如意卷、猪爪卷、双馅卷、四喜卷等。

8. 菜品造型的巧妙组合

中国菜肴种类繁多，其热食造型菜也不断涌现。

中国热食造型菜品丰富多彩，按菜品制作造型的程序来分，可分为三类：第一，先预制成形后烹制成熟的，如球形、丸形以及包、卷成形的菜品大多采用此法，如狮子头、虾球、石榴包、菊花肉、兰花鱼卷等。第二，边加热边成形的，如松鼠鳜鱼、玉米鱼、虾线、芙蓉海底松等。第三，加热成熟后再处理成形，如刀切鱼面、糟扣肉等。

9. 面点的皮与馅的充分利用

中国面点的制作，是以各种粮食（米、麦、杂粮及其粉料）、豆类果品、鱼虾以及根茎菜类为原料，经过调制、成形、熟制后成的集色、香、味、形为一体的各种点心制品。

吃点贵在吃馅，面点在调馅时要根据当地人的饮食习惯、口味、喜好合理调制馅心。在开拓馅心品种时，我们可以借鉴菜肴的制作与调味，如西安饺子宴的制作，注重调馅原料的变化，大胆采用各种调味料，使制出的馅心具有不同的口味。

中国面点品种的发展，必须要扩大面点主料的运用、使我国的杂色面点和风味馅心形成一系列各具特色的风味面点。

10. 餐具器皿的配制与选用

中国餐饮器具的发展经历了漫长的历史过程。当今，随着人们生活水平的不断提高，对饮食菜品的器具也越来越讲究。

从餐饮器具的变化中探讨创新菜的发展思路，打破传统的器食配置方法。在造型上

既有无盖和有盖的盅，也有南瓜形汤盅、花生形汤盅、橘子形汤盅等，在特质上有气锅汤盅、竹筒汤盅、椰壳汤盅、瓷质汤盅、沙陶汤盅以及烛光炖盅等。

如今，菜品配置的餐具就其风格来说，有古典的、现代的、传统的、乡村的、西式的等多种风格，不同款式的餐具为我国菜品的推陈出新提供了条件。

江南

第三部分

江南创意菜点设计与制作案例

◎春之韵

（黄勇 创作）

作品『春之韵』是以花、鸟为主题，表现出一幅春意盎然的景象。首先是水仙花，根、茎、叶、花每个部位都表现的淋漓尽致，尤其是茎的色、形更为突出。其次是两只鸟，两只鸟采用全立体的表现手法，把它的神态、动感都很好地表现出来，与水仙花交相呼应。另外，绿色的叶子在空中飘荡，更能体现出花草的茂盛和鸟的自由自在，为大家呈现出一幅生动的艺术作品。

美学评价：

菜品通过水仙叶的绿色和鸟身上的橘红色进行对比，合理地运用了对比色的比较手法。

主料： 蛋白糕、青萝卜、胡萝卜、土豆泥

配料： 基围虾、牛肉、鹌鹑皮蛋、蛋黄糕、鱼蓉卷、西蓝花、紫萝卜、荷兰黄瓜、酱油、绿豆芽、蒜苗、冬瓜

制作过程：

1. 根据布局的造型，用土豆泥调味垫底。
2. 蛋白糕划刻成长方片，一边抹上酱油，拉片贴面拼摆成水仙花球茎，在尾部插入绿豆芽做根须；蛋白糕划刻成水仙花花瓣，拉片拼摆成水仙花，中间用胡萝卜刻成小碗形，并放入蛋黄糕末作花蕊；用青萝卜拉片拼摆成水仙花叶子；最后用蒜苗将根、茎、叶、花合理地融合在一起。
3. 用胡萝卜雕刻出鸟头、鸟爪并焯水处理，然后分别将蛋白糕、鱼蓉卷、荷兰黄瓜、胡萝卜、蛋黄糕、紫萝卜等拉片贴面拼摆鸟的其他部位，使拼摆出的两只鸟造型各异，再用青萝卜拉片贴面拼摆成叶子，使鸟更具有动态感。
4. 将剩余的其他原料加工拼摆成假山造型。
5. 用冬瓜刻出“春之韵”四个字摆放盘中即可。

◎狮舞庆春

（吴晶 创作）

在佛教文化的影响下，狮子以瑞兽的形象进入中国人的生活。民间多以大狮小狮暗喻「太师少师」，祈愿官运亨通，又以「九狮图」寓意家族兴旺，更以「双狮戏绣球」作为喜庆的象征。古汉语中「狮」「师」同音通假，旧时常借狮喻师，以示吉祥。因此人们常以狮子图案来祝愿官运亨通、飞黄腾达、万事如意。狮子在佛教文化中具有护法护教的身份和辟邪消灾的功能，其图案纹饰也有镇宅、辟邪、吉利的寓意，由此，「太师少师」之类的纹样广泛用于陶瓷装饰中。古代官制中有太师、少师、太傅、少保，为辅天子之官，官至极品，位列三公，故太狮、少狮纹样既有仕途顺利又有事事如意的寓意。其中，还有狮子与莲花灯组合而成的「连登太师」，一只大狮子和一只小狮组成的「太师少师」图案，寓意为望子成龙、官运亨通。狮子配以绶带，表示喜事连连、吉庆绵绵；太狮踩绣球，则表示「统一寰宇」；太狮与众多小狮子一同嬉戏，寓意多子多福，吉祥喜庆；或以九狮图寓意家族兴旺，更以双狮戏球、三狮戏球以示吉庆祥瑞。

主料： 心里美萝卜、胡萝卜、南瓜、青萝卜、魔芋、白糕

配料： 荷兰黄瓜、白萝卜、核桃、基围虾、萝卜卷、海蜇、鸡蛋

制作过程：

1. 根据布局的造型，用土豆泥调味垫底。
2. 用白糕雕刻成狮头，芋头雕刻成狮脚，胡萝卜雕刻成灯笼扣等备用。
3. 用心里美萝卜改刀、拉片，配以灯笼扣、蛋皮丝卷，拼摆成灯笼造型。
4. 用心里美萝卜改刀、拉片，配以芋头雕刻的鼓面，拼摆成锣鼓造型。
5. 用心里美、胡萝卜、南瓜、青萝卜分别改刀、拉片，配以狮头、狮脚拼摆双狮造型。
6. 用胡萝卜、白萝卜、心里美、魔芋、核桃、基围虾、海蜇、萝卜卷等制作成假山即可。

美学评价：

菜品主色调为红色，完美的烘托出了中式节日气氛，灯笼的红色偏暖，大鼓的红色偏冷。在同色域里进行了冷暖色的对比，再以橘红色为过渡，更好地突出了中国的主题元素。

◎梦里水乡

（黄勇 创作）

作品『梦里水乡』以花、竹、叶为主题，搭配屋檐、假山，给人一种身临其境的感觉。荷叶、荷花、莲蓬头采用全立体的表现手法，形象布局在盘面左边，水草也仿佛在水中飘动。盘面左上方的红花、绿叶设计，精致而亮丽，更能衬托出荷花、荷叶的栩栩如生。右上角的屋檐和小鸟形成一种近景、远景的对比。右边配以半立体的竹子、假山，层次分明，能与花、叶、屋檐等完美的融合在一起，构成了一幅惟妙惟肖的梦里水乡图。

美学评价：

此作品运用中国古代水墨画的表现手法，在色彩、构图上都进行了细致的安排，更加突出了菜品的设计理念和菜品意境。

主料： 青萝卜、蛋白糕、山楂糕、胡萝卜、紫萝卜、盐水方腿

配料： 基围虾、红肠、蛋白糕、荷兰黄瓜、西蓝花、西芹、番茄汁、蒜苗、葱须、冬瓜

制作过程： 1．根据布局的造型，用方腿压成泥垫底。

2．蛋白糕划刻成荷花花瓣，尖部蘸番茄汁，拉片拼摆成荷花，中间摆放青萝卜雕刻的莲蓬头；用青萝卜拉片贴面拼摆成荷叶、莲蓬头；用紫萝卜拉片贴面拼摆成含苞的荷花，最后放上焯过水的蒜苗、黄瓜头，组成一幅完整的图。

3．用胡萝卜拉片拼摆成月季花，并装上黄色花蕊；青萝卜拉片贴面拼摆成叶子，并放上蒜苗。

4．用青萝卜拉片贴面拼摆成竹子、竹叶；用山楂糕雕刻出屋檐上面停留的一只金色小鸟。

5．用剩余其他原料加工拼摆成假山造型。

6．用冬瓜刻出“梦里水乡”四个字摆放盘中即可。

◎冰镇龙虾

（黄勇 创作）

冰镇龙虾，算是不可多得的美味。它是将龙虾卤制冷却后，放入特制的调味汁中浸泡，再将冰块制成细密绵柔的刨冰，将浸泡好的龙虾置于刨冰之上，呈上餐桌，如此精致美味的食物让食客都不忍动筷。品鉴一番后，小心地夹一只龙虾放入碗中细细品尝，龙虾肉质饱满，弹性十足，滋味醇厚，连大螯上的三节都是弹牙雪肌。

主料： 盱眙龙虾、冰块

配料： 苦菊

调料： 清水、花椒、月桂、薄荷叶、橘子皮、精盐、味精、鸡精、白酱油、料酒、胡椒粉、猪油、葱、姜

制作过程：

1. 将龙虾逐个刷洗干净，苦菊洗净备用。
2. 起锅烧热后放入猪油，待烧至四成热时放入葱结、姜片，煸出香味后注入清水，依次放入花椒、月桂、薄荷叶、橘子皮、精盐、白酱油、料酒、胡椒粉，大火烧开后改小火熬制40分钟，放入味精、鸡精调味，过滤杂质即制成虾卤水。
3. 将洗净的龙虾放入烧开的虾卤水中卤25分钟至入味，捞出晾一会儿，用冰块混合，冷透后待用。
4. 上桌前将剩余的冰块制成冰沙，铺在玻璃器皿中，然后将冷却的龙虾依次摆放在冰沙上，周围摆上苦菊点缀即可。

美学评价：

亮红色的龙虾放在白色的碎冰上，凸显了主食材的色彩，给食客带来较强的冲击力。

幽怡雅境

◎幽怡雅筑

（黄勇 创作）

作品『幽怡雅筑』以花、鸟、桃为主题，搭配屋檐、窗户、绿叶等，另通过食物原料拼摆出屋檐下的景象，别有一番风味。此作品设计采用由上至下的顺序，首先在屋檐下，将寿桃、桃叶、桃枝采用全立体的表现手法构成一个整体。其次，盘面中左部粉红色的牡丹花非常大气，一只缤彩斑斓的鸟似乎都被吸引过来了，动感十足。最后，一层一层的假山在最下面支撑着花和叶，把作品的意境恰如其分地表现了出来。

主料： 蛋白糕、青萝卜、鱼蓉卷、山楂糕、胡萝卜、盐水方腿

配料： 基围虾、天目湖香肠、红肠、火腿肠、蛋黄糕、荷兰黄瓜、紫萝卜、西蓝花、核桃仁、蒜苗、冬瓜

制作过程：

1. 根据布局的造型，用方腿压成泥垫底。
2. 蛋白糕划刻成牡丹花瓣，拉片拼摆成牡丹花，中间摆放黄色花蕊，青萝卜拉片贴面拼摆成叶子；蛋白糕拉片贴面拼摆成寿桃，并用青萝卜拉片贴面拼摆成桃叶。
3. 用胡萝卜雕刻鸟头、鸟爪并焯水处理，然后分别将蛋白糕、鱼蓉卷、荷兰黄瓜、胡萝卜、蛋黄糕、紫萝卜等拉片贴面拼摆出鸟的其他部位。
4. 山楂糕雕刻成屋檐、桃枝、窗户与寿桃合理地融合在一起。
5. 剩余其他原料加工拼摆成假山造型。
6. 用冬瓜刻成“幽怡雅筑”四个字摆放盘中即可。

美学评价：

色彩淡雅的牡丹花，更好地衬托出主食材的色彩丰富性，相互呼应、相互衬托，突出整个菜品的精髓。

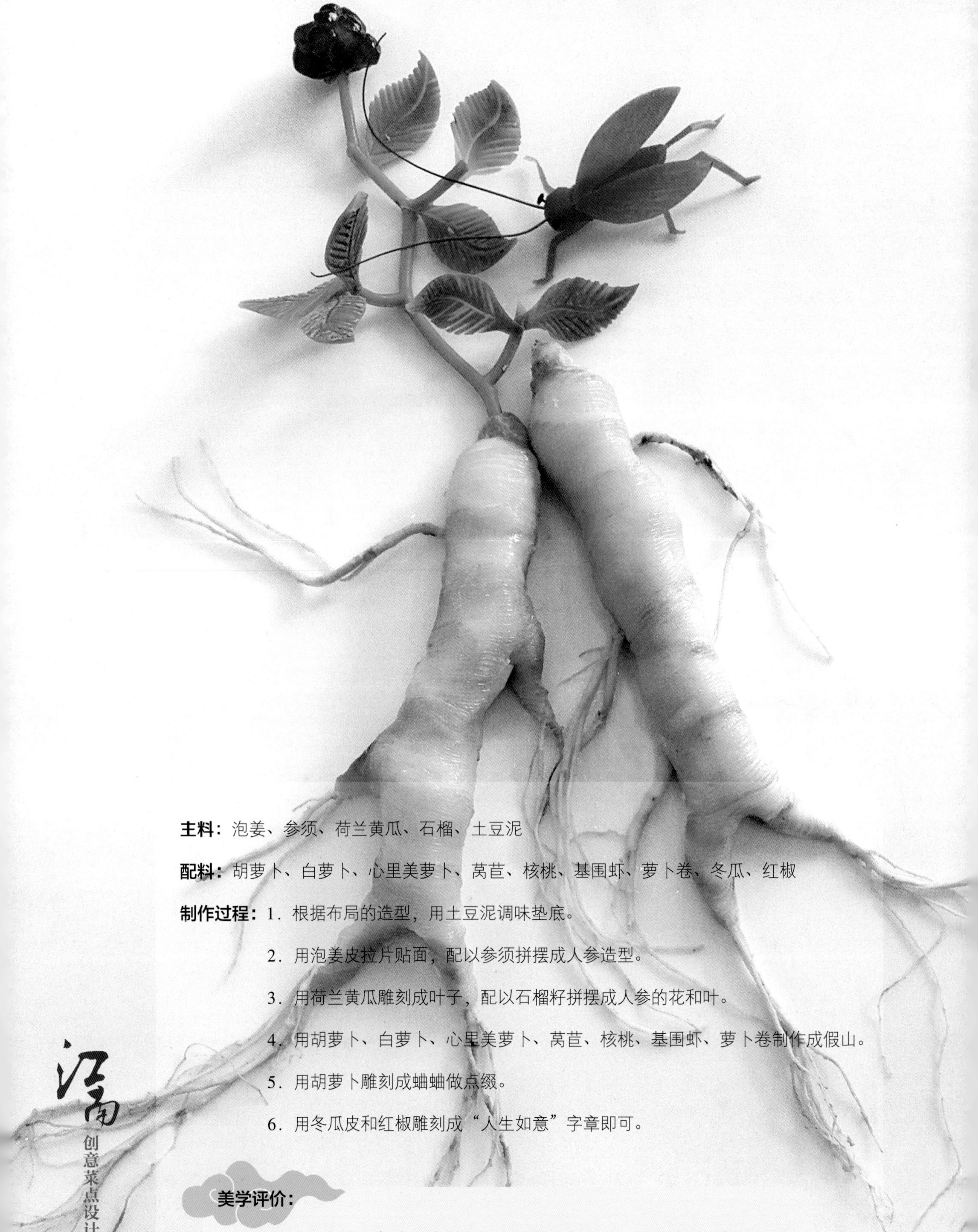

主料：泡姜、参须、荷兰黄瓜、石榴、土豆泥

配料：胡萝卜、白萝卜、心里美萝卜、莴苣、核桃、基围虾、萝卜卷、冬瓜、红椒

制作过程：1．根据布局的造型，用土豆泥调味垫底。

2．用泡姜皮拉片贴面，配以参须拼摆成人参造型。

3．用荷兰黄瓜雕刻成叶子，配以石榴籽拼摆成人参的花和叶。

4．用胡萝卜、白萝卜、心里美萝卜、莴苣、核桃、基围虾、萝卜卷制作成假山。

5．用胡萝卜雕刻成蛐蛐做点缀。

6．用冬瓜皮和红椒雕刻成“人生如意”字章即可。

美学评价：

通过对主食材人参精细的刻画，不论是在色彩上，还是造型上都在追求“形”像和“意”像，从淡黄色的主体色彩，再到紫红色的人参花，可以看出作者在菜品的色彩构成上下足了工夫，橘色的蛐蛐更成为了此作品的点睛之笔。

◎人生如意

（吴晶 创作）

人参是众所周知的一大宝。北大荒人俗称人参为『棒锤』，因其根茎形似婴儿又称为『棒锤娃娃』。由于人参成长缓慢，又长在深山密林，寻找极为不易。过去采参人常常进山一年也找不到几支，如运气不好空手而归也是常有的事。人参只在黎明前开花，太阳一出就萎谢，混在杂草灌木中极难发现。采参人找到人参时，必须在黑暗中先用红头绳将其拴住，等天亮时再找红头绳就容易了。挖人参更是一门学问，工具也很有讲究。挖人参不能使用任何金属器具，且人参须根越齐全越珍贵。

在古代，『如意』的用途很广泛，它可作防身器物，战争中也用于代麾作指挥之物，寓意万事顺利、吉祥如意。作为吉祥之物，它在民间及宫廷中都有广泛的使用，古人远行前，家人或友人会送上如意，以表良好祝愿；佛僧讲经时，常用『如意』作随身携带的道具。清代，『如意』在宫廷中得到了最广泛的应用。如皇帝登基大典上，主管礼仪的臣下必敬献一柄『如意』，以祝政通人和，新政顺利，在皇帝会见外国使臣时，也要馈赠『如意』，以示缔结两国友好，国泰民安。在帝后、嫔妃的寝室中均有『如意』，以颐神养性，兆示吉安；特别是在帝后大婚、宫中万寿乃至中秋元旦时节，都需要臣下敬献『如意』。可见，『如意』是集宫廷礼仪、民间往来、陈设赏玩为一体的珍贵之物。

『人生如意』以寓意人生平安大吉，福星高照，如鱼得水。此作品是以人参为主题，在主题寓意设定的基础上，再配以与主题相关的人参花造型图案。作品中的人参造型配以人参花、蛐蛐与假山，构思过程中充分做到了动静的结合，并将主题相关内容较好地融合在了一起，充分体现出了作品的意境。

方，配以假山和竹笋，寓意熊猫位于竹林之中。在设计时，熊猫造型运用了全立体的表现手法，配以半立体的翠竹和假山。作品造型层次分明，并且将与熊猫主题相关的竹子也完美地融合到了作品当中，通过合理的构思，呈现出了一幅生动的艺术作品。

◎竹馨异珍

（吴晶 创作）

中国人对熊猫的认识由来已久，早在文字产生初期就记载了熊猫的各种称谓，被誉为『活化石』和『中国国宝』，是世界自然基金会的形象大使，也是世界生物多样性保护的旗舰物种。大熊猫体色为黑白两色，它有着圆圆的脸颊，大大的黑眼圈，胖嘟嘟的身体，标志性的内八字的行走方式，也有锋利的爪子，可谓是世界上最可爱的动物之一。大熊猫体型肥硕似熊、丰腴富态，头圆尾短，黑白相间的外表，有利于隐蔽在密林的树上和积雪的地面而不易被天敌发现。在野外，大熊猫在每两次进食的中间会睡2~4个小时，平躺、侧躺、俯卧，伸展或蜷成一团都是它们喜好的睡觉方式。大熊猫最可爱的特点是它那胖嘟嘟的身体和慢吞吞的内八字行走方式。大熊猫的食性是其最为奇特和有趣的习性之一，因为它几乎完全靠吃竹子为生。

作品『竹馨异珍』在设计构思过程中以熊猫为主题，搭配翠竹。熊猫形象布局在盘面左边，将作品画面左右分开，竹子造型延伸至盘面右上

主料：鱼蓉卷（或鸡蓉卷）、青萝卜、胡萝卜、蛋白糕、蛋黄糕、墨鱼汁糕、土豆泥

配料：盐水方腿、萝卜卷、冬瓜、杏仁肉、法国香菜、红椒

制作过程：1. 根据布局的造型，用土豆泥调味垫底。

2. 用蛋白糕、墨鱼汁糕做出熊猫头脚，并且拉片贴面拼摆成熊猫造型。

3. 用盐水方腿雕刻成假山，配以白糕拉片拼摆的小花，与熊猫造型融为一体。

4. 用青萝卜拉片贴面拼摆成竹子、小竹笋造型，用冬瓜雕刻成竹叶。

5. 用剩余其他原料加工拼摆成假山造型。

6. 用冬瓜皮和红椒雕刻成“竹馨异珍”字章即可。

美学评价：

主厨完美地运用了对比色、同类色的手法，通过主食材熊猫的黑色与白色的对比，竹子的绿色和假山石的红色的对比，同类色域里的鱼蓉卷对比，使得色彩搭配相得益彰，将烹饪色彩理论与实践的综合运用发挥到极致。

◎干锅老鹅珍珠鲍

（蒋力 创作）

该菜品自推出以来，经过不断创新、改良，它的美味令人难以忘怀，原因如下：首先，老鹅与普通的猪肉、牛肉相比，价低但是营养价值高，以浓香滑嫩，入味彻底，深受南北食客喜爱。其次，珍珠鲍形态美观、软烂香浓、营养滋补。整道菜拼摆漂亮，制作精致，口感很好。

主料： 老鹅

配料： 珍珠鲍、青红尖椒

调料： 盐、味精、鸡精、鲍汁、生抽、香料、葱、姜、料酒、色拉油

制作过程：

1. 老鹅宰杀干净后剁块，鲍鱼宰杀后洗净用葱姜酒浸泡待用。
2. 将老鹅放入烧热的锅中，加入葱、姜、香料干煸后加水，放入生抽、盐、味精、鸡精烧至成熟后装入干锅。
3. 鲍鱼加入鲍汁中卤至入味，摆入干锅即可，最后以青红尖椒段点缀。

美学评价：

深色的盛菜器皿，青红椒的装饰，更好地映衬了主食材的色彩，撞色的搭配成为该菜品的点睛之笔。

◎双味

（桑宇平 创作）

作品『双味』以太极为主题，配以纹理花边。整个太极图案以半立体的形状呈现在盘子中间，并将太极分成黄白两种颜色，对比鲜明。盘边以太极占卜天、地、人、阴阳互补为寓意，裱上花边，再浇上黄色汤汁，整个菜品浑然天成。

主料：南瓜、白萝卜、虾仁、鱼肉、胡萝卜、马蹄、香菇、莴笋、黑色果酱

调料：盐、鸡精、葱、酱、黄酒、吉士粉、白胡椒粉、鸡汁、高汤

制作过程：1. 用圆形勺子，在块状白萝卜、南瓜上挖出半圆球体，并将中间掏空泡水备用。

2. 将白萝卜、南瓜的空心半圆球体用小刀按照太极中间线的走向，分别分成两瓣，然后重新将白萝卜与南瓜组合起来，用雕刻刀在白萝卜和南瓜上挖出一个小洞，互换填平，形成太极的两个眼，然后泡水备用。

3. 将虾仁、鱼肉分别剁成蓉泥状备用。

4. 香菇、马蹄、莴笋、胡萝卜加工成米状备用。

5. 将制作过程3与4的备用原料拌在一块，加入盐搅拌，然后加入鸡精、葱、姜、黄酒、白胡椒粉调味。

6. 将调好的蓉塞入太极图案里面，上笼强气旺火蒸制15分钟。

7. 葱、姜下油锅煸香，加入鸡汁、高汤调味，然后加入吉士粉，撒入胡椒粉制成汤汁。

8. 将果酱装入裱花袋在盘边标上天干、地支图案，将蒸好的太极图案放入盘子中间。

9. 将调好的汤汁浇在太极图边上，没过天干、地支花边。

美学评价：

该菜品的主色调为暖黄色，菜品中黄色与白色的结合很好地区分了同类色的素描关系，再加上太极符号的装饰，使得菜品主题更加突出。

◎江南吉祥鱼头

（蒋力 创作）

象征着喜庆富足的鱼是中国人饮食文化中不可或缺的主角。逢年过节、亲友相聚，往往要有一道像『松鼠鳜鱼』『干烧黄鱼』之类的大菜作为压轴菜端上桌来。如今，随着生活水平的提高，人们的口味也从大鱼大肉转向了味道鲜美、口感独特的鱼头菜上来。于是，各地鱼头菜馆林立，鱼头菜肴品种层出不穷，餐饮业刮起了一股『鱼头风』。江南吉祥鱼头就是一道典型的鱼头菜肴，鱼头的鲜味较之鱼肉有过之而无不及，再加上海参、鱼丸、金针菇、虫草花的点缀，更是让人难以忘怀。

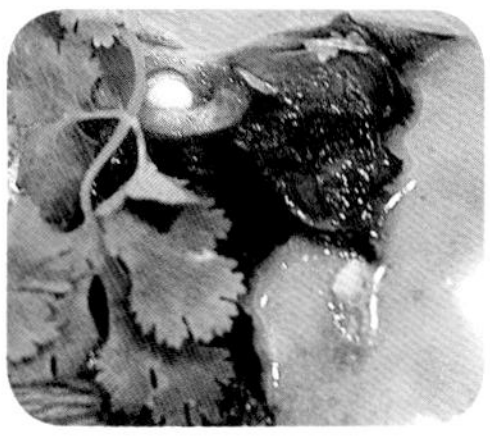

主料：灰鲢鱼头

配料：水发海参、鱼丸、虫草花、金针菇

调料：盐、味精、鸡精、生抽、辣鲜露、白糖、香料、葱、姜、料酒、色拉油

制作过程：

1. 取灰鲢鱼头清洗干净，放入葱、姜、料酒浸泡1小时。
2. 把水发海参一改为二呈长条状，将金针菇焯水，把虫草花浸泡水中。
3. 将泡好的鱼头放入油锅两面煎制，然后放入葱、姜、料酒、香料，加入生抽、辣鲜露、白糖、鸡精、味精和盐，大火烧开后改为中火烧制45分钟。
4. 改大火收汁，放入金针菇、海参，待汤汁收浓后倒入特制砂锅中，放入鱼丸及虫草花烧制片刻即可。

美学评价：

菜品金黄色的汤汁与食材本身颜色的巧妙搭配，让人享受视觉盛宴。白色的鱼丸使菜品画面感更强，橘红色的虫草花和金黄色的汤汁很好地做到了同类色的呼应。

◎鸟戏湖中鲜

（黄勇 创作）

『鸟戏湖中鲜』主要采用蒸、烩两种烹调方法，造型美观、营养丰富。首先是小鸟造型，用雪白的鱼肉加上各种配料蒸制而成，看上去栩栩如生。然后选用小南瓜，经雕刻后蒸熟，以此作为盛器，既能食用又可作为器皿，改变了以往用玻璃器皿的一贯做法。最后将鱼鳔这些下脚料充分利用起来，此菜既符合『湖中鲜』的要求，又做到了色、香、味、形、质的统一。

主料：鱼鳔、草鱼、基围虾、日本南瓜

配料：西蓝花、胡萝卜、香菇、红椒、黑芝麻

调料：豆瓣酱、泡椒、酱油、醋、白糖、精盐、味精、红油、胡椒粉、淀粉、葱、姜、料酒、色拉油

制作过程：

1. 将鱼鳔洗净焯水，捞出洗净后放入温水中浸泡；将小南瓜去皮，用U形戳刀戳刻成碗形，上笼蒸熟作为盛器；把西蓝花择成小朵焯水；把红椒、南瓜、胡萝卜、香菇切成片分别作为鸟的嘴、冠、翅膀、羽毛；将基围虾洗净去壳，虾仁拍扁后用葱、姜、料酒腌制待用。
2. 将草鱼肉制成蓉，加精盐、味精搅打，再加葱姜水搅匀，然后加入适量鸡蛋清、稠淀粉糊搅匀制成鱼缔子。将鱼缔子装入裱花袋中，剪一小口挤成鸟的形状，装在刷过油的盘中，分别装上嘴、冠、翅膀、羽毛、尾巴，用黑芝麻做眼睛装在鸟头上，上笼蒸5分钟取出。
3. 取一炒锅，加少量油加热后放入豆瓣酱、泡椒末煸炒后倒入酱油、白糖、醋、精盐、味精、红油、胡椒粉混匀后用滤网滤去杂质，剩余汤汁用湿淀粉勾厚芡，最后倒入鱼鳔拌匀；将烩好的鱼鳔装入蒸熟的南瓜中，上面撒上葱花。
4. 最后在盘子周围按顺序摆放好蒸熟的小鸟，淋上芡汁，摆上西蓝花点缀即可。

美学评价：

此菜品颜色鲜亮，构图感强，巧妙地将中国传统烹饪的“意”和“形”结合起来，运用了同类色相呼应的制作手法。

◎ 甜串

（桑宇平 创作）

作品『甜串』，以糖葫芦为造型，将里脊肉、菠萝、猕猴桃交错串在一起，然后以糖液包裹，将其依次竖立在盘中，并撒上椰蓉，使其处在一片雪白之中。『甜串』的造型，运用了全立体的造型，在色泽上使用三色搭配，撒以单纯的白色椰蓉，更好地体现出了作品本身色彩的特点。

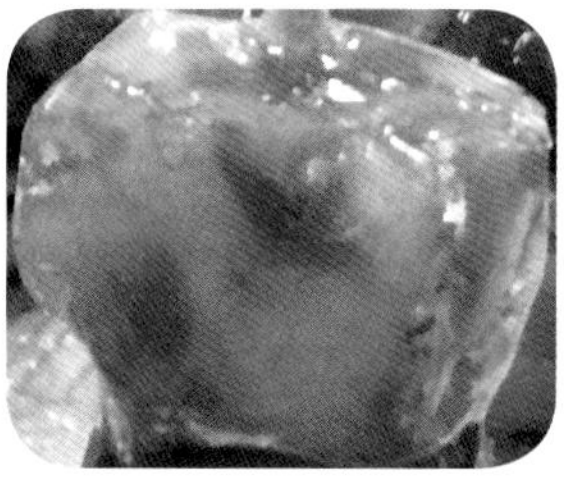

主料：菠萝、里脊肉、猕猴桃

调料：糖、盐、鸡精、全蛋、椰蓉、料酒、葱、姜、番茄沙司

制作过程：1．将里脊肉加工成三角片，用刀拍松，加入盐、鸡精、料酒、葱、姜腌渍备用。

2．将菠萝、猕猴桃去皮后加工成1.5厘米的正方形丁。

3．将腌渍后的里脊肉拍粉后包成球形。

4．将球形里脊肉先用温油锅烧熟，然后用高油温将其炸脆。

5．锅内留底油，将番茄沙司倒入，炒香后加水，调糖醋味。

6．将球形里脊肉、猕猴桃、菠萝倒入番茄沙司汁中，勾芡淋明油后，倒入碗中。

7．用竹签将猕猴桃、菠萝、里脊肉球串在竹扦上。

8．最后熬糖液至拔丝状态，并将其浇在串上，待糖液马上要凉透时，将其立在盘中。

9．最后在每个串上都撒上椰蓉即可。

美学评价：

此菜品设计立体感极强，摆盘的构图也很讲究，糖串上的木条增加了作品的高度，糖串本身的食材颜色搭配也很合理，浅、深、浅的搭配方法凸显了菜品的设计理念。

◎低温蒸银鳕鱼

（沈良良 创作）

作品以『低温』为主题，用橄榄油低温烹制鳕鱼，保留了鳕鱼本身的鲜嫩，凸显出食材本身的味道。同时还以低温的圆红椒、大蒜、萝卜作为配菜。整道菜在烹调过程中根据食材的特点选择合适的烹调方法，该菜品装盘采用西餐摆盘方式，美观大方。

美学评价：

菜品颜色纯净，使用紫色花卉让作品增加了别样风情，小资情调展露无遗。

主料：银鳕鱼、圆红椒、带皮大蒜、萝卜、小青菜

配料：橄榄油、椰奶

制作过程：

1. 将银鳕鱼改刀成块，放入1%浓度的盐水中浸泡2小时，捞出放入装有橄榄油的容器中，在65℃状态下蒸10分钟。
2. 将圆红椒炸制后取出放入冰水中，再去皮去籽，改刀呈长方形，撒上糖粉，在120℃状态下蒸至软度适合。
3. 将带皮大蒜用开水烫3次，放入65℃橄榄油中至大蒜柔软。
4. 将小青菜开水烫熟后立刻放入冰水中，晾凉后加入椰奶煮5分钟，用机器打成泥过滤待用。
5. 将萝卜切成合适厚度，用小刀削成四周圆弧状，在92℃状态下蒸至软度适合。
6. 按图所示进行摆盘，用有机花卉装饰即可。

◎江南翡翠鱼羹

（徐天一 创作）

银鱼是太湖三白之一，味道鲜美，比较适合制作汤羹。单纯的银鱼羹颜色比较单一，所以此菜加入菠菜汁来调节颜色，并加入西蓝花来提高其营养价值。此外，菜品还加入鱼子酱改变其口味。此菜利于开胃，是一道不错的开胃汤羹。

美学评价：

该菜品巧妙地利用了色彩搭配，淡绿色的羹汤中泛着星星点点的白色，并点缀红色的鱼子酱，成为这道菜品的点睛之笔。

主料：菠菜、银鱼、西蓝花、瑶柱丝

配料：鱼子酱、上汤、盐、水淀粉

制作过程：1. 将菠菜焯水后用冰块冷却保持颜色，然后将菠菜打成汁备用。将银鱼也焯水备用。

2. 起锅倒入上汤，放入瑶柱丝煮开，然后放入西蓝花花朵、银鱼、菠菜汁，然后加入少量的盐调味，烧开后用水淀粉勾芡，倒入玻璃碗中，在中间放入鱼子酱点缀。

◎果香波士顿龙虾

（沈良良 创作）

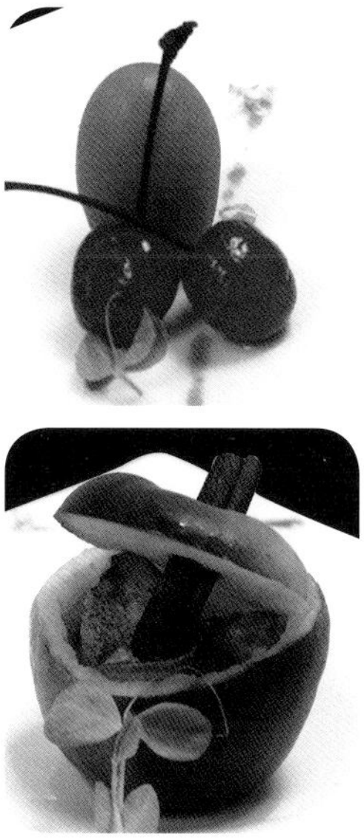

作品以西餐中珍贵食材——波士顿龙虾为主题，不以传统中式焗龙虾加工，而是放入清香的苹果中，以低温方式加工，保证龙虾原味的同时也能嗅到苹果的果香。中式围边装饰搭配低温健康烹调方法，让食客在享受食材完美口感的同时又能保证健康饮食。

主料：波士顿龙虾、苹果

配料：黄樱桃番茄、车厘子、西柚汁、香菜籽、八角、黄油、糖苗香棒、有机花卉

制作过程：1．龙虾初加工：龙虾身子开水烫1分钟、龙虾钳子烫2分钟之后捞出放入冰水，晾凉后取出肉。

2．香菜籽、八角炒香加入少许水烧干，加入黄油烧化成黄油汁。将龙虾肉装入真空袋中淋上黄油汁，在65℃状态下蒸10分钟后放入冰水冰凉。

3．挖去苹果里面的果肉，装入龙虾肉，苹果盖儿上插上茴香棒，盖上苹果盖儿放入烤箱中将龙虾肉烤熟即可。

4．将西柚汁浓缩至一定稠度加入糖调味成西柚浓缩汁。

5．将黄樱桃番茄、车厘子、西柚浓缩汁、龙虾装盘，用少许有机花卉装饰。

美学评价：

苹果的红色和小番茄的红色相互呼应，以此衬托出龙虾肉。白中带微红的色彩效果，让食客胃口大增。

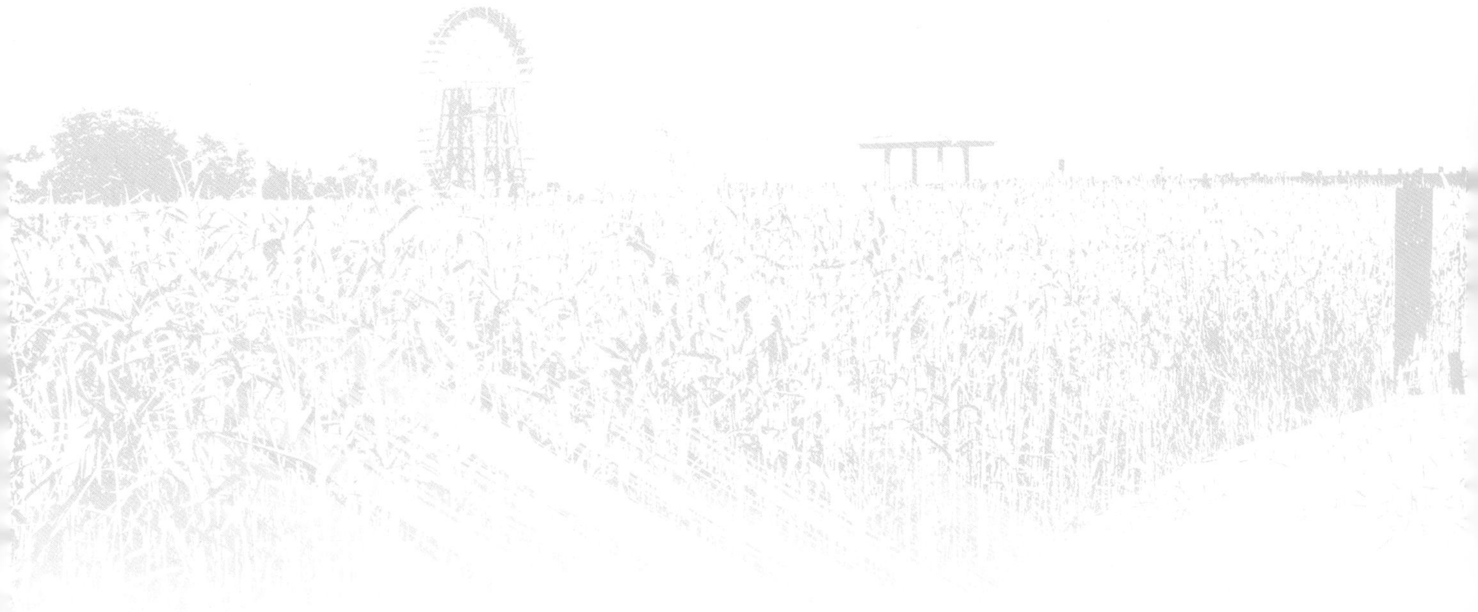

◎红酒烩牛肉

（沈良良 创作）

作品以牛小肋排肉为主料，将中式烹调技法——烩的做法稍加改变，加入西式调味料、牛基础汁，使牛肉酥软入味，并搭配健康的薏米。此菜中式做法，西式摆盘，美观大方。

主料： 牛小肋排肉、薏米、桃子、圆红椒

配料： 西芹、洋葱、胡萝卜、香叶、大蒜、百里香、鸡汤、红酒、板栗、龙眼、牛肉汁、粘肉粉、糖、有机花卉

制作过程：

1. 牛小肋排肉用粘肉粉将两片肉粘在一起抽真空，放置一天后将肉的两面煎上色待用。
2. 将西芹、洋葱、胡萝卜炒香，加入香叶、大蒜、板栗、龙眼、百里香、鸡汤，并将红酒烧开，再加入少许牛肉汁调好味。
3. 将煎上色的牛小肋排肉放入调好的汁水中，在175℃状态下蒸软。
4. 将蒸软的牛小肋排肉取出改刀待用。
5. 将薏米用水浸泡一晚，第二天用鸡汤烧熟待用。
6. 桃子切块状，将糖烧化后加入桃子块，翻炒几下取出待用。
7. 圆红椒炸制后取出放入冰水，再去皮去籽，改刀成形，撒上糖粉，在120℃状态下蒸至软度适合。
8. 装盘并用少许有机花卉装饰即可。

美学评价：

此菜品在构图上，巧妙地利用了方、圆的对比（牛肉块的方和薏米的圆）这样搭配后，设计感极强。红椒的颜色和酱汁的颜色相互呼应，使得菜品色彩更加协调一致。

◎溏心鸡蛋配鱼子酱

（沈良良 创作）

作品选取常用食材——鸡蛋作为主料，运用低温的烹调方式，使鸡蛋蛋黄呈流体状，搭配法国三大名贵食材中的两种——松露油、鱼子酱，同时加上食用金箔点缀装饰，使得简单的食材也能做出高端的美食，让人享受不一样的美食视觉体验和口味体验。

主料：鸡蛋、鱼子酱、食用金箔

配料：大叶、白松露油、盐

制作过程：1. 用开水煮鸡蛋15分钟后捞出放入冰水，待凉后将鸡蛋一切为二，取出蛋黄留下蛋白。

2. 在65℃状态下煮鸡蛋45分钟取出放入冰水，待凉后取溏心蛋黄加入盐、白松露油调味。

3. 将调好味的溏心蛋黄挤入蛋白中，在蛋黄上放上鱼子酱、少许金箔点缀。

4. 盘中放入大叶，放上鸡蛋成品即可。

美学评价：

菜品以深色的器皿很好地映衬了蛋白和蛋黄的颜色，通过色彩纯度、明暗的对比，使得菜品整体具有较强的视觉色彩冲击力。

◎啫喱虾饺

（沈良良 创作）

作品以中式虾饺为创意源头，将西餐中的啫喱运用其中，中式调味加工，西式啫喱作为虾饺皮，同时装盘配以西式香菜奶泡。该菜品中西结合，透明的啫喱中透着虾肉，简单而不失美观。

主料：基围虾、莲藕

配料：李锦记海鲜酱、盐、香菜、牛奶、柠檬、高温琼脂粉末、有机花卉

制作过程：

1. 基围虾汆熟后去虾线切成大小一致的丁，加入香菜末、李锦记海鲜酱和盐调味。
2. 取少许柠檬汁加入纯净水，加入高温琼脂末（1L水8克粉末），煮沸后倒入烤盘放入冰箱冷却成形，用模具刻出啫喱待用。
3. 将调好味的虾丁包在啫喱中待用。
4. 将牛奶烧热加入香菜烧入味，过滤后留下牛奶待用。
5. 将莲藕用刨片机刨成薄片，放入油锅中炸成脆片待用。
6. 摆盘：牛奶用搅拌器打出奶泡淋在虾饺旁，用炸好的莲藕片、少许有机花卉和香菜装饰即可。

美学评价：

虾被包裹在晶莹剔透的啫喱里，使得虾饺十分通透、诱人，再配上雪白的奶油泡沫，如此搭配使得菜品整体色彩更加夺人。

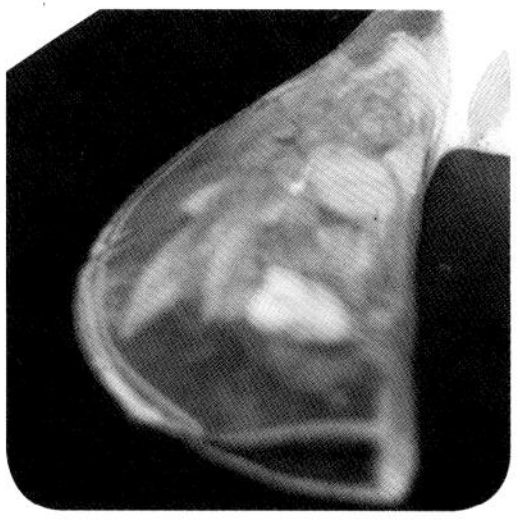

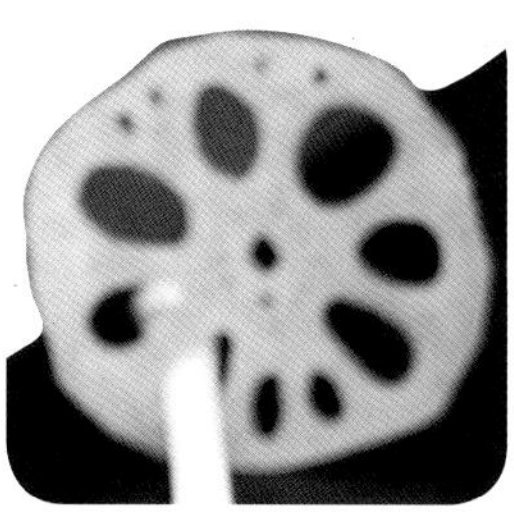

◎阿福无锡排骨

（唐晓春 创作）

无锡排骨是无锡的传统名菜。在此菜创作的过程中，加入了青麦仁的汁水，以此来分解排骨中的油腻，增加入口时的清香甘甜。

主料： 肋排

配料： 鸽蛋、青麦仁

调料： 生姜、葱、八角、桂皮、白砂糖、盐、红曲粉、黄酒、色拉油、老抽、料酒

制作过程：

1. 把肋排斩成4厘米的正方块，放入冷水中用大火烧开去沫，然后将其倒入水池中，用冷水冲30分钟备用。
2. 锅内加水烧沸，将洗净的青麦仁倒入，用文火熬制1个小时备用。
3. 将锅烧热滑油入葱、姜、八角、桂皮煸香，倒入肋排，翻炒出香味加入少许老抽和红曲粉上色，然后加入料酒和备用的青麦仁水，用文火烧制2个小时后用大火收汁即可装盘。

美学评价：

菜品主食材色泽诱人，红色的酱汁，加入了淡绿色的青麦仁进行点缀，彰显出菜品色彩的搭配效果。

◎丰登如意虾仁

（唐晓春 创作）

通常，虾仁的制作以滑炒为主，而此菜则融入了日式烹调的方法，在制作如意卷时加入了少量的芥末来提味，口味新颖，层次多变，造型美观。

美学评价：

用南瓜雕刻的竹篓、虾蓉制成的如意卷，造型惟妙惟肖。金黄的南瓜配以粉色的虾仁，翠绿色的法香点缀盘饰。用法香的重色衬托出了南瓜的浅色。

主料：虾仁

配料：鸡蛋、紫菜、芦笋、莴苣、小南瓜、青红椒、生粉、面包糠、色拉油

调料：盐、味精、白砂糖、芥末

制作过程：

1. 将鸡蛋制成蛋皮，将一部分的虾仁制成虾蓉（加入少许芥末），莴苣改成长条，将蛋皮、紫菜、虾蓉、莴苣制成如意卷，上蒸箱蒸6分钟备用。
2. 将芦笋改为4厘米长条备用。
3. 起油锅烧至六成热时，将如意卷裹上蛋糊拍上面包糠入油锅炸至金黄色时捞出改刀成段，装盘。
4. 另起油锅烧至三成热，倒入虾仁、青红椒段滑油，另起锅加入少许盐和白砂糖提鲜，收汁勾薄欠即可装盘。

◎黑椒品尚双菇

（唐晓春 创作）

菌菇营养价值极高，多以牛肉、家禽来配菜。此菜品打破常规，改用纯菌类搭配组合的手法进行改良，做到低油、低脂、低糖，更好地适应现代人健康饮食的标准。

主料： 鸡腿菇、杏鲍菇

调料： 黑椒汁、白砂糖、生抽、盐、生粉

制作过程： 1. 将双菇改刀成方块备用。

2. 起锅滑油将改刀好的双菇拉油至金黄色。

3. 另起锅滑油，倒入调料、主料烧至入味，用水淀粉收汁即可。

美学评价：

柠檬黄和紫红色的映衬，菜品色彩不再单调，颜色鲜明。

◎蟹黄菊花豆腐

（唐晓春 创作）

豆腐是家喻户晓的普通食材，用豆腐制作的名菜更是比比皆是，如镜箱豆腐、麻婆豆腐等。菊花鱼对大家来说并不陌生，要将豆腐改刀成菊花形状难度可想而知，此菜便是通过直刀的方法来改变豆腐的形状，使其形似菊花，并配以高汤、蟹黄来提鲜，味道鲜美无比。

主料： 豆腐

配料： 蟹黄、老母鸡

调料： 盐

制作过程： 1. 将豆腐改刀成菊花状备用。

2. 另起锅将洗净的老母鸡焯水，撇去浮沫后用文火熬制2个小时，用纱布过滤成清澈的高汤备用。

3. 将改好刀的菊花豆腐装入盛器中，倒入熬制好的高汤，放上蟹黄入蒸箱蒸7分钟即可。

美学评价：

雪白的豆腐，加以橘色的蟹黄，放置在透明的盛器中，平添了一分禅意、凸显了一分秋意。盛器的圆和盘子的方，形成了鲜明的结构对比。

主料：银鱼

配料：甘蔗干、果木

调料：味精、椒盐、葱姜水、花椒、料酒

制作过程：1. 将银鱼放入调料水（味精、椒盐、葱姜水、花椒、料酒调制而成）中浸泡24小时。

2. 将泡好的银鱼捞出，用干毛巾吸干水分，放入带有甘蔗干和果木的熏炉内熏48小时备用。

3. 将香熏好的银鱼放入阴凉处风吹干即可。

4. 起七成热油锅，将银鱼干炸至金黄色即可装盘。

美学评价：

金黄色的银鱼和淡黄色的盛器形成了很好的色彩呼应，盛器的小舟造型让食客不禁有一种“孤舟泛江”的感觉。

◎竹捞香熏银鱼

（唐晓春　创作）

太湖银鱼是江南一带常用的烹饪食材，味道极鲜，此菜利用了烤鸭的风干方法创制而成。银鱼通过浸泡腌制去腥入味，用甘蔗干和果木香熏来增加银鱼的香味。此菜口味独特，香脆味美，色泽金黄。

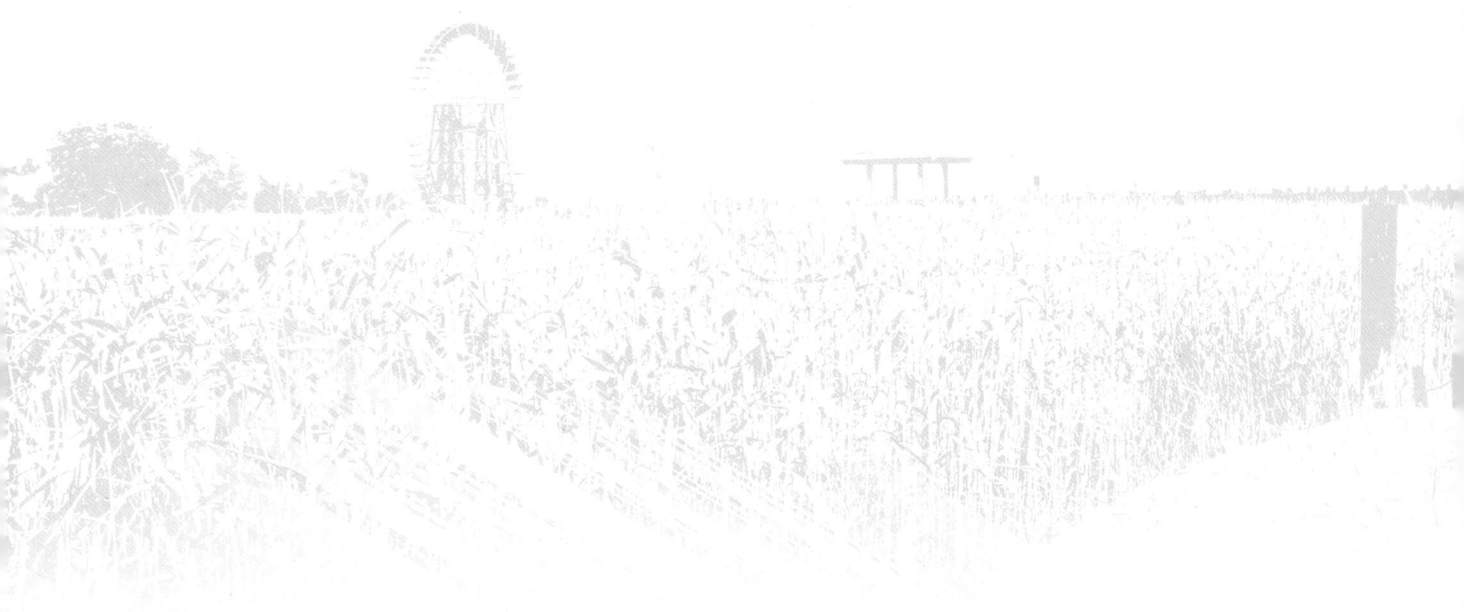

◎紫苏照烧明虾

（唐晓春 创作）

大明虾蛋白质含量丰富，常在高档的宴席中出现，多以干烧、泰汁、蒜蓉为主。此菜是在大董的意境菜——葱烤海参中得到的启发，经过改良，用自己熬制的照烧汁加工大明虾，配以用米汤汁蒸制的鲜带子及玉米使杂粮与海鲜绝妙地搭配在一起，更符合现代人对健康饮食的追求。

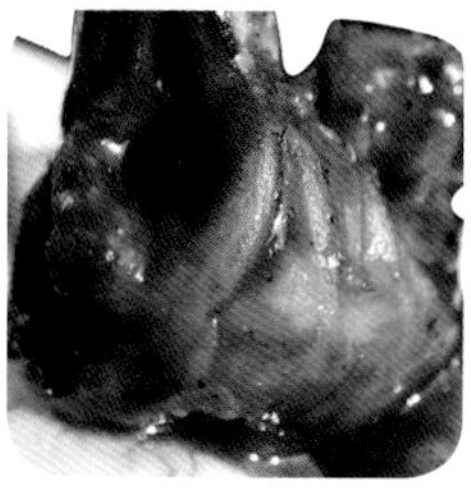

主料：大明虾、鲜带子

配料：玉米棒、紫苏叶

调料：生抽、蜂蜜、料酒、米汤汁、白砂糖、葱姜水

制作过程：1．将大明虾改刀成凤尾形上浆，玉米棒改成段备用。

2．将鲜带子上浆后浸泡在米汤汁中，与玉米段一起入蒸箱蒸3分钟即可装盘。

3．起三成热的油锅，放入大明虾滑油，将生抽、蜂蜜、料酒（三者比例为2∶2∶1）制成照烧汁，加入滑过油的大明虾自然收汁即可装盘。

美学评价：

明虾的橘色、玉米的黄色、带子的粉色，此菜品将同类色与对比色运用到了极致，叶的绿色相呼应。在摆盘构成上，造型立体，空间感强。

◎鸡蓉橄榄

（吴晶 创作）

鸡蓉蛋又称鸡蓉球，是20世纪30年代，由迎宾楼菜馆名厨刘俊英创制。此菜对制蓉工艺与火候精度要求很高，历经三代名师日臻完美，成为无锡名菜。

「鸡蓉橄榄」是将鸡蓉蛋的制蓉工艺与橄榄鱼圆的成形工艺融合在一起，并改变装盘形式所创新研发的一道菜肴。「鸡蓉橄榄」是以鸡脯肉为主料，成菜色泽鲜亮，质地柔软鲜嫩，清淡爽口，耐人回味。

主料： 鸡脯肉

配料： 菜心、老母鸡、鸡蛋

调料： 盐、鸡粉、葱、姜、料酒、色拉油

制作过程：

1. 将鸡脯肉剁成蓉，细网过滤，放入碗内，加少许料酒、水、盐、鸡粉、鸡蛋清、色拉油搅拌成鸡蓉。
2. 用调羹将鸡蓉挖制成橄榄形，置冷水锅中。
3. 将锅置中火上烧热，舀入熟猪油，烧至四成热时，用手勺轻推使其均匀受热。
4. 用老母鸡调制出清汤，和菜心一起焯熟。
5. 将菜心拼摆在盘内，将熟制的鸡蓉橄榄捞出沥干水分，拼摆成橄榄花即可。

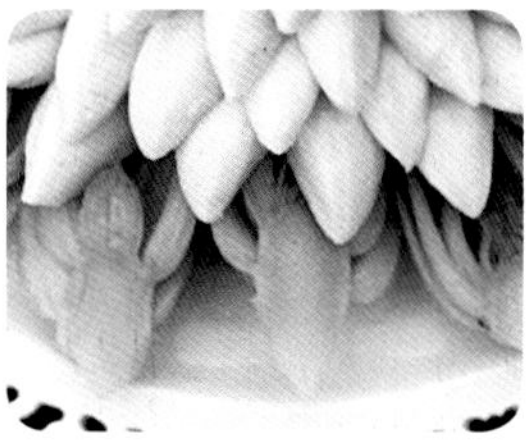

美学评价：

白色的鸡蓉形成了一幅精美的花卉图案，淡绿色的青菜作为绿叶衬托出白色的美丽，不禁让人想到中国古代工笔花鸟画中的色彩的精致与淡雅。本菜品选用镂空图案的器皿，增加了菜品整体构图的美感。

主料：甘露青鱼

配料：青椒、红椒、红尖椒、鸡蛋、胡萝卜、西芹

调料：盐、味精、葱、姜、料酒、吉士粉、生粉

制作过程：1. 将甘露青鱼洗净，分档取料。

2. 鱼肉部分切丁、漂净血水、上浆，配以青红椒丁滑炒。

3. 将鱼皮部分剞刀、拍粉，粘附在胡萝卜底座上，用牙签定形油炸，做灯身。

4. 将鸡蛋摊蛋皮、改刀、卷起，西芹洗净切段、焯水，配以红尖椒圈做灯笼架。

5. 将油炸好的灯笼造型摆放在配有果酱画的盘内。

6. 将滑炒好的鱼米摆放在碟子内，然后将其也摆放在配有果酱画的盘子内即可。

美学评价：

本菜品注重同类色的搭配，再配以点点红色，色彩构成极其讲究。果酱所画的小景，配上逼真的灯笼造型，巧妙地将虚实结合在一起。

◎宫灯鱼米

（吴晶 创作）

谈到传统的宫灯鱼米菜肴，每位厨师脑海中浮现的画面大都不同。大多数厨师会将菜肴装饰的手法运用到宫灯的造型上来。而此菜肴在设计构思过程中，以传统宫灯鱼米菜肴造型为基础，结合目前餐饮业发展的趋势，选用一料多做的加工烹调方法，对菜肴进行改良创新。

在选料过程中，选用青鱼作为此菜的主料。青鱼是江河湖泊的底层鱼类，多分布在长江以南。甘露青鱼是鹅湖镇培育的省级名牌农产品、国家级无公害水产品，是无锡市传统优质水产品的代表。

『宫灯鱼米』则以甘露青鱼为主料。此菜运用不同的刀工技法、烹调方法、调味手法，对菜品进行创新。在菜肴摆盘过程中，配以果酱画，使作品别有一番情境。

◎虾皮馄饨

（吴晶 创作）

鱼皮馄饨又称鱼饺子，是20世纪30年代由迎宾楼名厨刘俊英创制的无锡名菜。此菜选用净鳜鱼肉作为主料，将其切成小方块，放在干生粉内拌匀，用小木棍敲成7厘米见方的皮子，把虾仁斩碎拌成馅心，包入皮子中制成馄饨，在沸水锅内煮熟，用冷水过清，把火腿、鸡肉、香菇切成细末，加入青豌豆、鱼馄饨、精盐、黄酒、味精，放入鸡汤烧透，起锅时用水生粉勾芡，淋一些鸡油或芝麻油即可。

『虾皮馄饨』是道无锡名菜。它是在鱼皮馄饨的基础上，通过改变主料的方法所创新制作的一道菜肴。『虾皮馄饨』是以基围虾为主料，此虾也称『独角新对虾』，营养丰富，其肉质松软，易消化，对身体虚弱以及病后需要调养的人来说是很好的食物。此外，虾中含有丰富的镁，能很好地保护心血管系统，可减少血液中胆固醇含量，防止动脉硬化，同时还能扩张冠状动脉，有利于预防高血压及心肌梗死；虾肉还有补肾壮阳，通乳抗毒、养血固精、化瘀解毒、益气滋阳、通络止痛、开胃化痰等功效。此菜在制作过程中，因虾青素遇热变成鲜艳夺目的橙红色，再配以果酱画，使菜品更加赏心悦目。

主料： 基围虾

配料： 虾仁、荸荠、西芹、火腿、莴笋、清汤

调料： 盐、鸡粉、葱、姜、料酒、生粉、鸡蛋

制作方法：
1. 基围虾洗净、去头、剥壳、去虾肠，放入干生粉内拌匀，用小木棍敲成皮子。
2. 把虾仁、荸荠、西芹、火腿斩碎调入盐、鸡粉、葱姜、料酒、鸡蛋拌成馅心，包入皮子中成馄饨。
3. 将虾皮馄饨与莴笋雕刻的叶子一起在沸水锅内煮熟，用冷水过凉后备用。
4. 将清汤和虾皮馄饨、精盐、鸡粉一起加热烧透。
5. 将馄饨、莴笋雕刻的叶子以各客形式装盘，摆放到配有果酱画的盘子内即可。

美学评价：

虾馅的粉红色在绿色的映衬下显得更加剔透。圆形透明的玻璃器皿摆放在长方形的盘子上，形成了方形和圆形的对比，增强了菜品的图案形式构成感。

◎罗汉红烧斋肉

（徐天一创作）

此菜外形如红烧肉，实则是以素食原料加工而成，既符合当下健康饮食的理念，又能满足大家对红烧肉的需求。

主料：生麸、冬瓜、红椒

配料：精盐、酱油、糖、料酒、水淀粉

制作过程：1．首先把生麸、冬瓜、红椒切成块状，各原料长宽都一致。用红椒片代替肉皮，冬瓜块代替肥肉。生麸块代替瘦肉，然后依次顺序重叠，并用牙签固定。

2．热锅滑油后，加料酒、精盐、糖、酱油调味放入成形的原料，用中火烧开后转文火煨制，使其原料入味。

3．将烧入味的原料上笼屉蒸至冬瓜软糯，然后将剩余的汤汁用水淀粉勾芡、打油，将芡汁均匀地浇在素肉上即可。

美学评价：

菜品通过色彩的微对比和明暗的微调整，将素食五花肉做得极其逼真，造型模仿得惟妙惟肖，让人真假难辨。

◎瑶柱煨素鲍鱼

（徐天一 创作）

鲍鱼价格较高且制作工艺复杂，而此菜肴用相对便宜的素食原料替代昂贵的鲍鱼，既能感受到鲍鱼的口感，又有鲍鱼之形，是一道适合家常制作的高档菜肴。

主料： 白灵菇、瑶柱（干）、芦笋

配料： 盐、上汤、糖、酱油、鲍鱼汁、水淀粉

制作过程：

1. 把白灵菇雕刻成鲍鱼形状，把瑶柱（干）泡水上笼蒸熟备用。
2. 烫锅倒入上汤放入一半瑶柱丝、鲍鱼汁、盐、糖、酱油调味放入成形的白灵菇文火煨制，使上汤、瑶柱、鲍鱼汁的鲜味渗入素鲍鱼，用水淀粉勾芡、打油，将芡汁均匀地浇在素鲍鱼上。
3. 另起油锅烧热，将剩下的瑶柱丝炸至松脆放在素鲍鱼上，用焯过水的芦笋装饰。

美学评价：

瑶柱和白灵菇的造型逼真，且结合得很紧密，菜品造型逼真、色彩上用绿色的芦笋作点缀，运用了对比色的比较方式，更加突出了主食材的色彩倾向。

◎上汤玫瑰鱼片

（徐天一 创作）

鱼菜是江南菜的一大亮点，且鱼肉高蛋白、低盐、低胆固醇、低脂肪，是当下健康饮食的较好食材。将鱼片做成玫瑰造型，不仅形式美观，而且经上汤煨制后口感更佳。

主料： 鲈鱼、莴笋、鱼子酱

配料： 盐、上汤

制作过程： 1．把鲈鱼肉开片漂去血水，上浆。将莴笋雕成叶瓣状，把鱼片摆成玫瑰状放入模具中汆水待用。

2．将鱼片和莴笋片一起放入上汤中加盐调味烩制。待成熟后把鱼片扣入鱼翅碗中，用鱼子酱点缀成花蕊，然后倒入用盐调好味的上汤即可。

美学评价：

鱼片叠加组合在一起，形成玫瑰花的图样。红色鱼子酱的花心，乳白色的鱼片花瓣，再配上黄绿色的莴笋做成的绿叶，颜色搭配素雅脱俗，构图美观，令人赏心悦目。

◎椰蓉菊花鸡丝

（徐天一 创作）

此菜原为泰国菜，经改良后成为类似淮扬菜中的菊花鱼，但是菜肴的口味仍保留着泰国菜的酸辣口味。罗望子有清热解暑，消食化积，治愈中暑、食欲不振的作用，并且对心血管比较有益，符合健康饮食的标准。

主料： 鸡胸肉、椰蓉、罗望子

配料： 洋葱、生姜、大蒜子、辣椒、椰蓉、番茄沙司

制作过程：

1. 把洋葱、生姜、大蒜子、辣椒、罗望子果肉捣碎做成酱汁，将鸡胸肉改成菊花花刀，放入酱汁中腌制。
2. 把腌好的鸡肉拍粉油炸至金黄色，形似盛开的金菊。把菊花摆入盘中，在花蕾处撒上椰蓉。另起油锅炒制番茄沙司装入小碗中，配在椰蓉菊花鸡边上。

美学评价：

菜品的色彩搭配经过精心的设计，金黄色和白色的配比恰到好处，且该菜品造型意象传神，将写意花卉图案完全融入了菜品之中。

主料： 土豆、紫薯

配料： 盐、黑胡椒、牛奶、黄油、芝士

制作过程： 1. 把土豆、紫薯切块，分别上笼蒸烂。将紫薯放入搅拌机打成泥，放入热牛奶和热黄油继续打成丝滑状之后放入黑胡椒和盐调味，用裱花袋挤入杯中的下层。

2. 将土豆也用同样的方式打成泥放入热牛奶和芝士中，打成丝滑状之后放入黑胡椒和盐调味，用裱花袋把土豆泥挤在杯子的上层。

美学评价：

本菜品中黄色与紫色是强对比色，给人一种较强视觉冲击力，同时也将紫薯泥的颜色稍作了调整，使其色度变浅，更好地融入整体的色调内。

◎双味杯盏薯泥

（徐天一 创作）

在中餐中，薯泥多以冷菜或点心的形式出现，且因薯泥具有易消化、易吸收的优势而广受老人和孩子的喜爱。为了迎合他们的口味特点，创新制作了双重口味的热薯泥。此菜香滑软糯，口味从淡到浓，含有少量的脂肪和矿物质，比较适合老人和小孩这一类肠胃消化吸收功能较弱的人群食用。

◎苹果酥

（王明明 创作）

苹果酥外形酷似苹果，配上苹果馅心，有很好的美容效果，可作为女士的美味点心。

水油面： 面粉300克、猪油50克、菠菜汁80克、水100克

油酥面： 面粉300克、猪油160克

馅心： 苹果馅100克

辅料： 鸡蛋液30克

美学评价：

苹果酥造型逼真，色彩运用得当。

制作过程：

1. 面粉中加入菠菜汁、水、猪油调成绿色水油面；面粉中加入猪油擦成油酥面。
2. 将调好的水油面、油酥面放在案板上醒15分钟左右。
3. 将水油面擀城长方形，油酥面放置在水油面的中间，对折包起，四周捏紧。
4. 用擀面杖将其擀成长方片，折叠成三层，再擀成长方片，顺长的方向卷起呈圆柱状。
5. 将其切成一块块圆形薄皮，将酥皮抹上鸡蛋液，包入拌过的苹果馅。
6. 收口搓圆，中心压出一个小窝，即成苹果酥。
7. 将做好的生坯放入三成热的油中养至浮起，升温将其炸熟至酥纹绽开，即可捞出。

◎BV提包酥

（许万里 创作）

此款酥点的创作灵感来自以精湛皮革编织工艺而享誉全球的皮包品牌Bottega Veneta，阳光明媚的下午茶时间，品尝一款具有时尚气息的提包酥，为生活增添几分情趣。

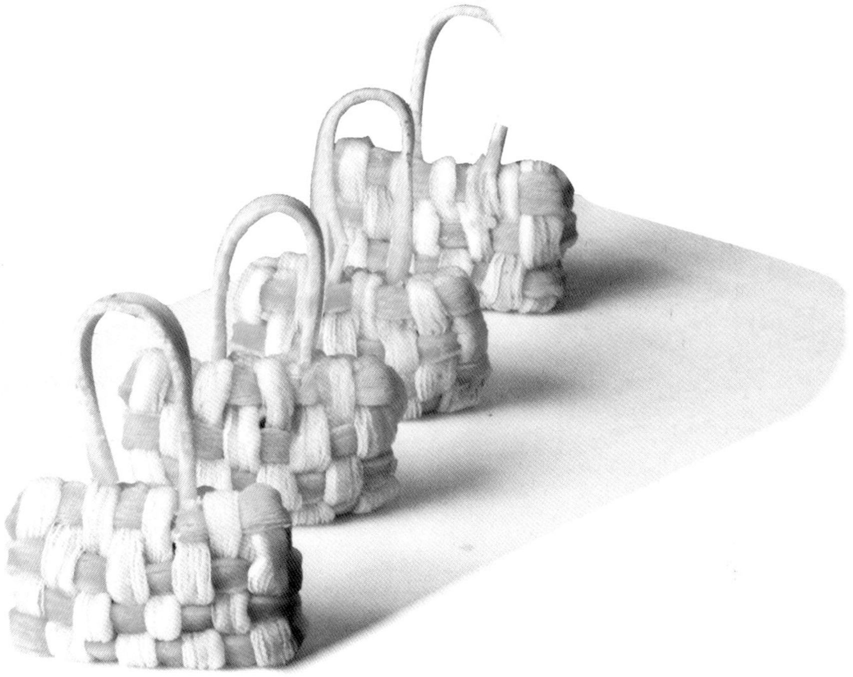

水油面： 面粉270克、绿茶粉30克、猪油40克

油酥面： 面粉320克、猪油160克

馅心： 奶黄馅100克

辅料： 鸡蛋液

美学评价：

面点主题抓住了主体的造型特点，编织感强烈，白色和粉绿色的搭配清新脱俗。

制作过程：

1. 将绿茶粉和120克面粉拌匀，粉中加入水、20克猪油调成水油面，面粉中加入猪油擦成油酥面。
2. 将水油面擀成长方形，油酥面放置水油面的一半位置，对折包起，四周用手捏紧。
3. 用擀面杖将面团擀成长方形，折叠成三层，再擀薄成长方形，再折叠，最后擀成长方形酥皮。
4. 用刀切成0.3厘米宽的长条，酥纹向上。
5. 再将另外150克面粉加20克猪油调成成水油面，包油酥面，重复上面的步骤。
6. 将酥条十字相交，编成一块大酥皮。
7. 酥皮上放上馅心，四周涂上蛋液包紧成提包酥生坯。
8. 将生坯放入三成热的油中养至浮起，升温至五成热炸熟捞出，装上提包酥拎带即可。

◎鲜虾琵琶酥

（许万里 创作）

此款点心的特点是巧妙地将基围虾的尾巴做成琵琶酥的柄。作品主题鲜明，形态逼真，韵味十足。

水油面：面粉120克、绿茶粉30克、猪油20克、水80克

油酥面：面粉160克、猪油80克

馅心：虾肉馅100克

辅料：鸡蛋液、海苔、虾尾、牙签

制作过程：1. 将绿茶粉和面粉拌匀，粉中加入水、猪油调成水油面，面粉中加入猪油擦成油酥面。

2. 将水油面擀成长方形，油酥面放置水油面的一半位置，对折包起，四周用手捏紧。

3. 将面团用擀面杖擀成长方形，折叠成三层，再擀薄成长方形，再折叠，最后擀成长方形酥皮。

4. 用刀切成7块小长方片，叠起。

5. 将酥面切成薄片，酥层向上，用擀面杖擀薄擀大。

6. 用刀将四周修齐，放上虾肉馅。

7. 将酥层顺长卷起，收口捏紧，捏成琵琶形，在顶端装上虾尾，用海苔将生坯周围包上，成琵琶酥生坯。

8. 将生坯放入三成热的油中养至浮起，升温至五成热炸熟捞出即可。

美学评价：

琵琶的整体造型做得很传神。虾尾的橘色和面酥本身的粉绿色形成对比，且海苔的重色使明暗对比更加强烈。

◎牛头酥

（许万里 创作）

牛头酥不仅外形酷似牛头，馅心也很有特色。馅心采用西餐制作方法，将腌制好的牛排用黄油煎成七成熟，切成小粒，撒上黑椒盐拌匀。此点心中西合壁，口味极佳。

水油面：面粉150克、猪油20克、水80克

油酥面：面粉160克、猪油80克

馅心：黑椒牛肉馅100克

辅料：黑巧克力50克、鸡蛋液50克

制作过程：1．面粉加入水、猪油调成水油面；面粉中加入猪油擦成油酥面。

2．将水油面擀成长方形，油酥面放置水油面的一半位置，对折包起，四周用手捏紧。

3．用擀面杖将面团擀成长方形，折叠成三层，再擀薄成长方形，再折叠，最后擀成长方形薄片。

4．用刀切成7块小长方片，叠起。

5．将酥面切成薄片，酥层向上，用擀面杖擀薄擀大。

6．用圆形模具刻成圆形酥皮，放上黑椒牛肉馅。

7．包成三角形，收口处捏紧，翻过来形成牛头酥生坯。

8．将生坯放入三成热的油中炸至起酥，然后升温至五成热炸制成熟捞出，装上巧克力做牛角，挤上巧克力酱做牛眼睛即可。

美学评价：

牛头酥运用了写意刻画的手法，突出了面点形象生动的造型。

◎干贝海豚酥

（许万里 创作）

此款点心形态逼真、酥层清晰，且海鲜入馅、味道鲜美。

水油面：面粉150克、猪油20克、水80克

油酥面：面粉160克、猪油80克

馅心：干贝馅100克

辅料：黑巧克力50克、澄粉面团50克、鸡蛋液50克

制作过程：

1. 面粉中加入水、猪油调成水油面；在面粉中加入猪油擦成油酥面。
2. 将水油面擀成长方形，油酥面放置水油面的一半位置，对折包起，四周用手捏紧。
3. 将面团用擀面杖擀成长方形，折叠成三层，再擀薄成长方形，再折叠，最后擀成长方形薄片。
4. 用刀切成7块小长方片，叠起。
5. 将酥面切成薄片，酥层向上，用擀面杖擀薄擀大。
6. 用刀将酥皮四周修齐，放上干贝馅。
7. 将酥层顺长卷起，收口捏紧，做成海豚身体。
8. 将生坯放入三成热的油中养至浮起，升温至五成热炸熟捞出，挤上巧克力酱做眼睛，用澄粉面团做出鱼鳍即可。

美学评价：

作品造型生动，海豚自身的曲线和盛器的直线形成了很好的对比，增加了画面感的流畅度。

水油面： 面粉150克、猪油20克、水80克

油酥面： 面粉160克、猪油80克

馅心： 凤梨馅100克

辅料： 黑巧克力50克、橙色面团、鸡蛋液50克

制作方法： 1. 面粉中加入水、猪油调成水油面；面粉中加入猪油擦成油酥面。

2. 将水油面擀成长方形，油酥面放置水油面的一半位置，对折包起，四周用手捏紧。

3. 将面团用擀面杖擀成长方形，折叠成三层，再擀薄成长方形，再折叠，最后擀成长方形薄片。

4. 用刀切成7块小长方片，叠起。

5. 将酥面切成薄片，酥层向上，用擀面杖擀薄擀大。

6. 酥皮修成方形，放上凤梨馅。

7. 酥皮四周涂上蛋液，顺长卷成筒形，捏成企鹅身体的形状，装上企鹅翅膀即成企鹅酥生坯。

8. 将生坯放入三成热的油中炸制起酥，升温至五成热炸成熟捞出，挤上巧克力酱做成眼睛，橙色面团装上嘴巴即可。

◎企鹅酥

（许万里 创作）

卡通企鹅憨态可掬，形态逼真，深受小朋友的喜爱。

美学评价：

本面点尝试制作卡通形象，丰富了面点的形象设计思路，同时，黄、绿颜色的使用，增加了色彩的丰富度。

◎昙花酥

（许万里 创作）

此款点心采用两种制酥技法，酥层清晰，精致美观，酥松可口。

水油面： 面粉150克、猪油20克、水80克

油酥面： 面粉160克、猪油80克

馅心： 豆沙馅100克

辅料： 鸡蛋液、海苔

制作方法：

1. 面粉中加入水、猪油调成水油面，面粉中加入猪油擦成油酥面。
2. 将水油面擀成长方形，油酥面放置水油面的一半位置，对折包起，四周用手捏紧。
3. 将面团用擀面杖擀成长方形，折叠成三层，再擀薄成长方形，再折叠，最后擀成长方形薄片。
4. 用刀切成7块小长方片，叠起。
5. 将酥面切成薄片，酥层向上，用擀面杖擀薄擀大。
6. 酥皮修成方形，放上豆沙馅心。酥皮四周涂上蛋液，顺长卷成圆筒形，两端捏紧。
7. 取一块油酥面皮，做成荷花酥。
8. 荷花酥底部涂上鸡蛋液，粘在圆筒形酥生坯上，接口处系一圈海苔即成昙花酥生坯。
9. 将生坯放入三成热的油中炸制起酥，升温至五成热，炸成熟后捞出即可。

美学评价：

面点花卉造型传神，整体张力十足，花瓣的点缀让其更加精致美观。

◎奶黄香猪包

（许万里 创作）

此款点心洁白松软，卡通造型十分可爱，入口香甜，奶香十足，是一款时尚佳点。

面团原料： 面粉300克、白糖9克、干酵母3克、泡打粉3克、苋菜汁20克

馅心： 奶黄馅225克

辅助原料： 黑芝麻少许

制作方法：

1. 取200克面粉、2克泡打粉拌匀放在案板上，中间扒一塘，中间放入2克酵母和6克白糖，用温水调成发酵面团。
2. 将面团搓成条，下15个剂子，每个剂子包入15克奶黄馅，搓成圆形生坯。
3. 取100克面粉，1克酵母、1克泡打粉，3克白糖，用苋菜汁加温水和成粉色发酵面团。
4. 用粉色面团做出猪耳朵和猪鼻子，按在白色圆形生坯上即成香猪包生坯。
5. 将制作好的香猪包生坯醒发片刻，上蒸笼蒸制8分钟即可。

美学评价：

面点采用卡通猪造型，并配以柔和暖色调，使其更加生动活泼。

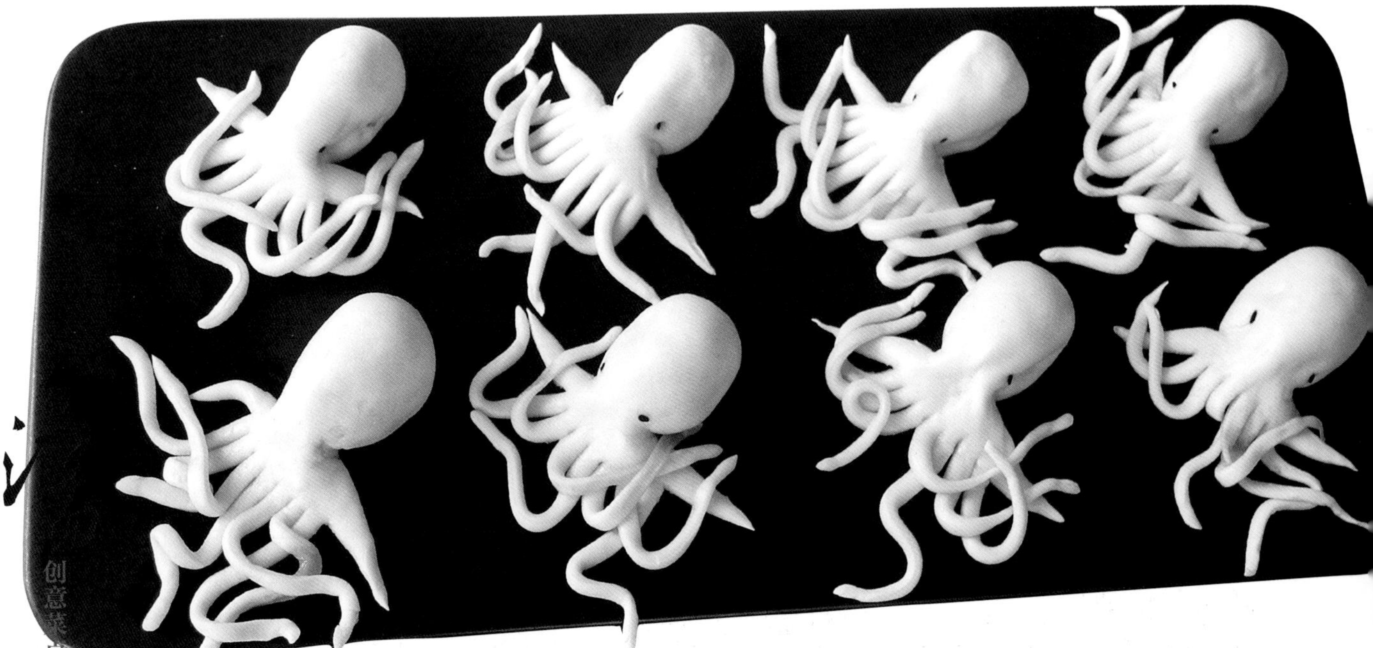

◎深海章鱼包

（许万里 创作）

此点心用章鱼肉做馅心，鲜香可口，外形酷似章鱼，精致美观。

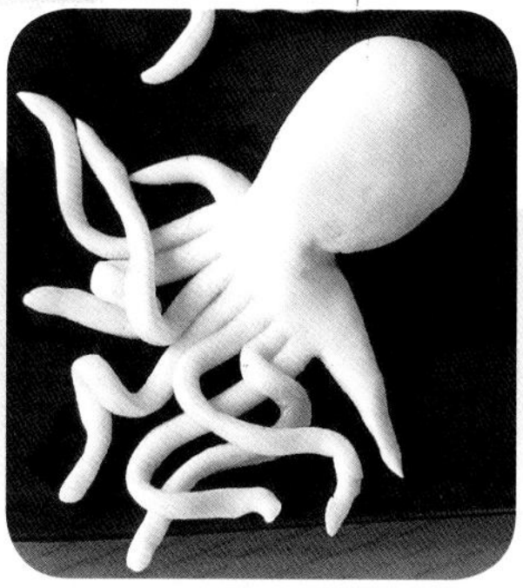

面团原料：面粉200克、白糖6克、干酵母2克、泡打粉2克

馅心：章鱼馅225克

辅助原料：黑芝麻少许

制作过程：1．取200克面粉、2克泡打粉拌匀放在案板上，中间扒一塘，中间放入2克酵母和6克白糖，用温水调成发酵面团。

2．将面团搓成条，下15个剂子，每个剂子包入15克章鱼馅，搓成蝌蚪形。

3．用擀面杖将蝌蚪形面团下端擀平擀薄，用刀切出章鱼须成章鱼包生坯。

4．将制作好的章鱼包生坯醒发一段时间后上蒸笼蒸制8分钟即可。

美学评价：

该面点的章鱼被刻画得栩栩如生，特别是触须部分，活灵活现地表现了章鱼的特点。

◎糖霜雪人酥

（许万里 创作）

此点心形态可爱、酥层清晰，馅心选用时下流行的紫薯馅，具有抗癌、防老化的功效，是老少皆宜的健康佳点。

水油面：面粉150克、猪油20克、水80克

油酥面：面粉160克、猪油80克

馅心：紫薯馅100克

辅料：黑巧克力50克、巧克力棒、海苔、鸡蛋液50克

制作方法：1．面粉中加入水、猪油调成水油面；面粉中加入猪油擦成油酥面。

2．将水油面擀成长方形，油酥面放置水油面的一半位置，对折包起，四周用手捏紧。

3．将面团用擀面杖擀成长方形，折叠成三层，再擀薄成长方形，再折叠，最后擀成长方形薄片。

4．用刀切成7块小长方片，叠起。

5．将酥面切成薄片，酥层向上，用擀面杖擀薄擀大。

6．酥皮修成方形，放上紫薯馅。

7．酥皮四周涂上蛋液，顺长卷成筒形，中间捏细成葫芦状。

8．中段系一圈海苔即为雪人酥生坯。

9．将生坯放入三成热的油中炸制起酥，升温至五成热，炸成熟后捞出，装上红色帽子，挤上巧克力酱做成眼睛和嘴巴即可。

美学评价：

该面点摆盘讲究，且雪人刻画传神，黑色的盛器和白色面点自身形成了鲜明对比。

◎奶黄金鱼酥

（许万里 创作）

金鱼酥形似金鱼。入口香甜可口，外脆里糯，是都市时尚佳点。

水油面： 面粉150克、猪油20克、水80克

油酥面： 面粉160克、猪油80克

馅心： 草莓馅100克

辅料： 黑巧克力50克、鸡蛋液50克、澄粉面团、奶油

制作过程：

1. 面粉中加入水、猪油调成水油面；面粉中加入猪油擦成油酥面。
2. 将水油面擀成长方形，油酥面放置水油面的一半位置，对折包起，四周用手捏紧。
3. 将面团用擀面杖擀成长方形，折叠成三层，再擀薄成长方形，再折叠，最后擀成长方形薄片。
4. 用刀切成7块小长方片，叠起。
5. 将酥面切成薄片，酥层向上，用擀面杖擀薄擀大。
6. 用刀将四周修齐，在三分之一处放上草莓馅。
7. 将酥层顺长卷起，收口捏紧，装上嘴巴，在三分之二处捏细，成金鱼酥生坯。
8. 将生坯放入三成热的油中养至浮起，升温到五成热后炸熟捞出，装上鱼鳍，做出眼睛即可。

美学评价：

该面点摆盘注重层次感，装饰花朵散落旁边，布局合理。

◎海苔榴莲花坛酥

（许万里 创作）

海苔榴莲花坛酥造型精美，酥层清晰，配以鲜花和海苔，适合于婚宴。

水油面：面粉150克、猪油20克、水80克

油酥面：面粉160克、猪油80克

馅心：榴莲馅100克

辅料：鲜花、海苔、鸡蛋液50克

制作过程：1．面粉中加入水、猪油调成水油面；面粉中加入猪油擦成油酥面。

2．将水油面擀成长方形，油酥面放置水油面的一半位置，对折包起，四周用手捏紧。

3．将面团用擀面杖擀成长方形，折叠成三层，再擀薄成长方形，再折叠，最后擀成长方形薄片。

4．用刀切成7块小长方片，叠起。

5．将酥面切成薄片，酥层向上，用擀面杖擀薄擀大。

6．用刀将酥皮四周修齐，放上榴莲馅。

7．将酥层顺长卷起，收口捏紧，在腰部系上海苔条，做成花坛酥生坯。

8．将生坯放入三成热的油中养至浮起，升温至五成热后炸熟捞出，点缀上鲜花和海苔即可。

美学评价：

面点以花坛作为造型，且酥点色彩与海苔颜色形成对比，并配以花卉作点缀，更加清新雅致。

◎玫瑰包

（王明明 创作）

玫瑰象征爱情，也是美丽的代表。这款点心是情人节表达爱意的最佳选择，好看好吃又有心意。

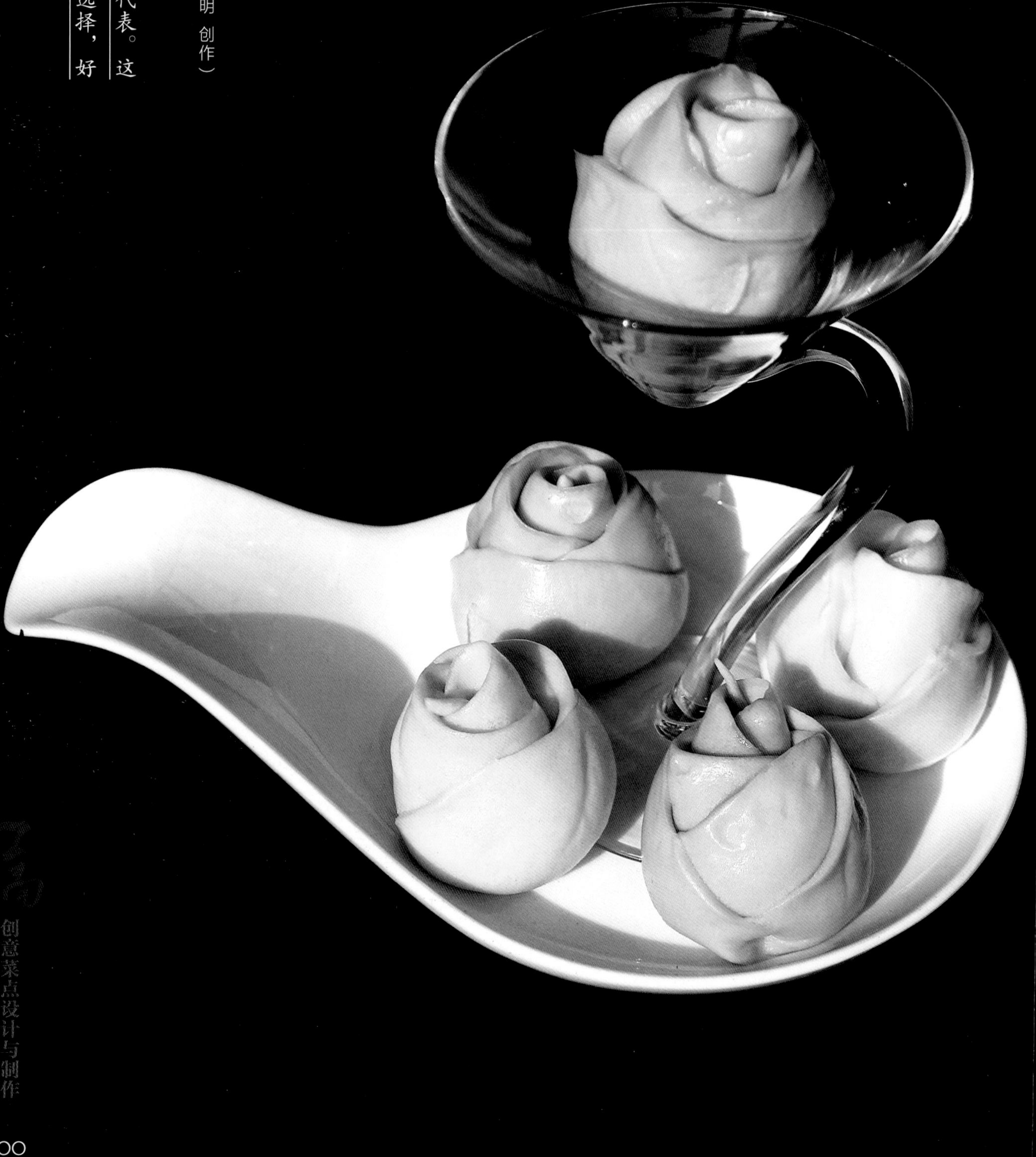

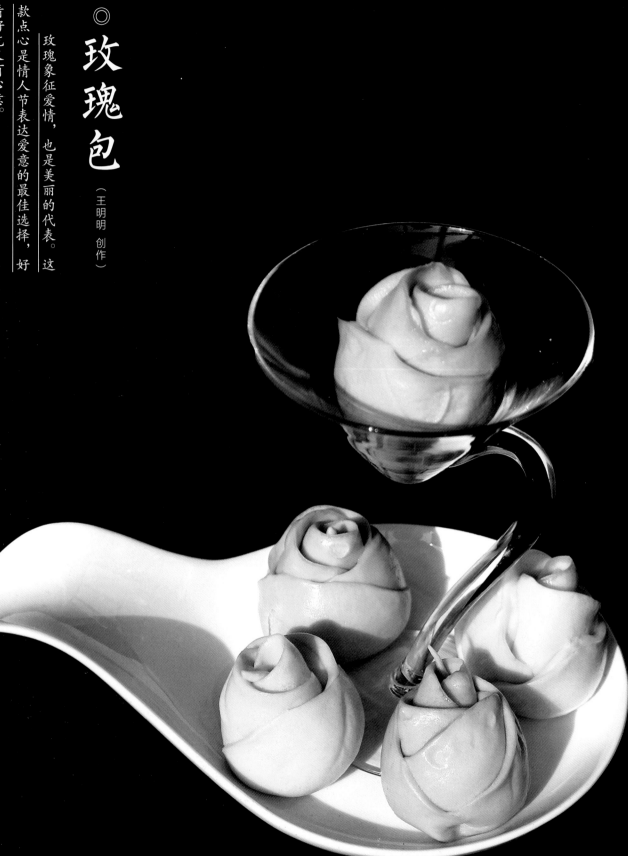

原料： 面粉300克、柠檬粉50克、果酱50克、菠菜汁20克、酵母3克、泡打粉2克

制作过程： 1．面粉加入柠檬粉、菠菜汁、酵母、水、泡打粉揉成面团，醒置半小时。

2．将面团揉匀下剂子，按成扁的长条形，一条一条粘上去，将果酱包入做成玫瑰花的形状。

3．醒发一会儿上笼蒸熟即可。

美学评价：

玫瑰包造型逼真，颜色鲜明。造型、颜色和摆盘浑然天成。

◎蜂蜜紫薯泥

（沈良良 创作）

本作品选用富含膳食纤维的紫薯作为原料，同时配合蜂蜜、酸奶、水果等有利于健康的食材进行创作。运用中式制作方法，西式甜品摆盘方式，为大家呈现可品、可赏的美食。

主料：紫薯、橙子、蜂蜜

配料：酸奶、火龙果、树莓果酱、迷迭香、有机花卉

制作过程：1．紫薯去皮切块放入蒸箱中蒸软，将蒸软的紫薯加入蜂蜜用粉碎机打成细腻的泥。

2．将火龙果切成小丁拌入酸奶，橙子去皮切出待用。

3．用树莓果酱点缀，用模具将紫薯泥在盘中摆出形状，淋上拌有火龙果丁的酸奶，配以纯正香浓蜂蜜、迷迭香、有机花卉装饰即可。

美学评价：

此面点大胆地运用了对比色，将蜂蜜的黄色和紫薯的颜色形成了强烈的对比，再加上乳白色的酸奶，使该面点更加精致诱人。

◎章鱼酥

（许万里 创作）

此点心用章鱼肉做馅心，用酥皮包成章鱼的形状，造型精美，酥脆鲜香。

美学评价：

该面点合理组合红、黄、白三色，使其整体色调简洁明快。

水油面： 面粉150克、猪油20克、水80克

油酥面： 面粉160克、猪油80克

馅心： 章鱼馅100克

辅料： 黑巧克力50克、鸡蛋液50克、奶油20克

制作过程：

1. 面粉中加入水、猪油调成水油面；面粉中加入猪油擦成油酥面。
2. 将水油面擀成长方形，油酥面放置水油面的一半位置，对折包起，四周用手捏紧。
3. 将面团用擀面杖擀成长方形，折叠成三层，再擀薄成长方形，再折叠，最后擀成长方形薄片。
4. 用刀切成7块小长方片，叠起。
5. 将酥面切成薄片，酥层向上，用擀面杖擀薄擀大。
6. 用刀将四周修齐，在三分之一处放上章鱼馅。
7. 将酥层顺长卷起，收口捏紧，装上嘴巴，在三分之二处捏细，成章鱼酥生坯。
8. 将生坯放入三成热的油中养至浮起，升温到五成热后炸熟捞出，挤上奶油和巧克力酱做眼睛即可。

◎草莓包

（王明明 创作）

草莓鲜美多汁，并含有特殊的果香。此点心形似草莓，内含草莓酱，故名草莓包，非常适合小朋友食用。

原料： 面粉300克、草莓粉50克、草莓酱50克、菠菜汁20克、酵母3克、泡打粉2克

制作过程：

1. 面粉加入草莓粉、酵母、泡打粉揉成面团，醒置半小时。将面团揉匀下剂子，压扁包入草莓酱的馅心。
2. 做成草莓的形状，用牙签在表面戳出草莓的斑点。
3. 用面粉加入菠菜汁揉成团，做成叶柄进行装饰，醒发后上笼蒸熟即可。

美学评价：

该面点外形似草莓，加上叶子的衬托，使其更加形象逼真。